开启
幸运一天的
早餐计划

〔日〕小田真规子 大野正人 著
小司 译

南海出版公司

新经典文化股份有限公司
www.readinglife.com
出　品

新经典文化股份有限公司
www.readinglife.com
出　品

一日がしあわせになる朝ごはん

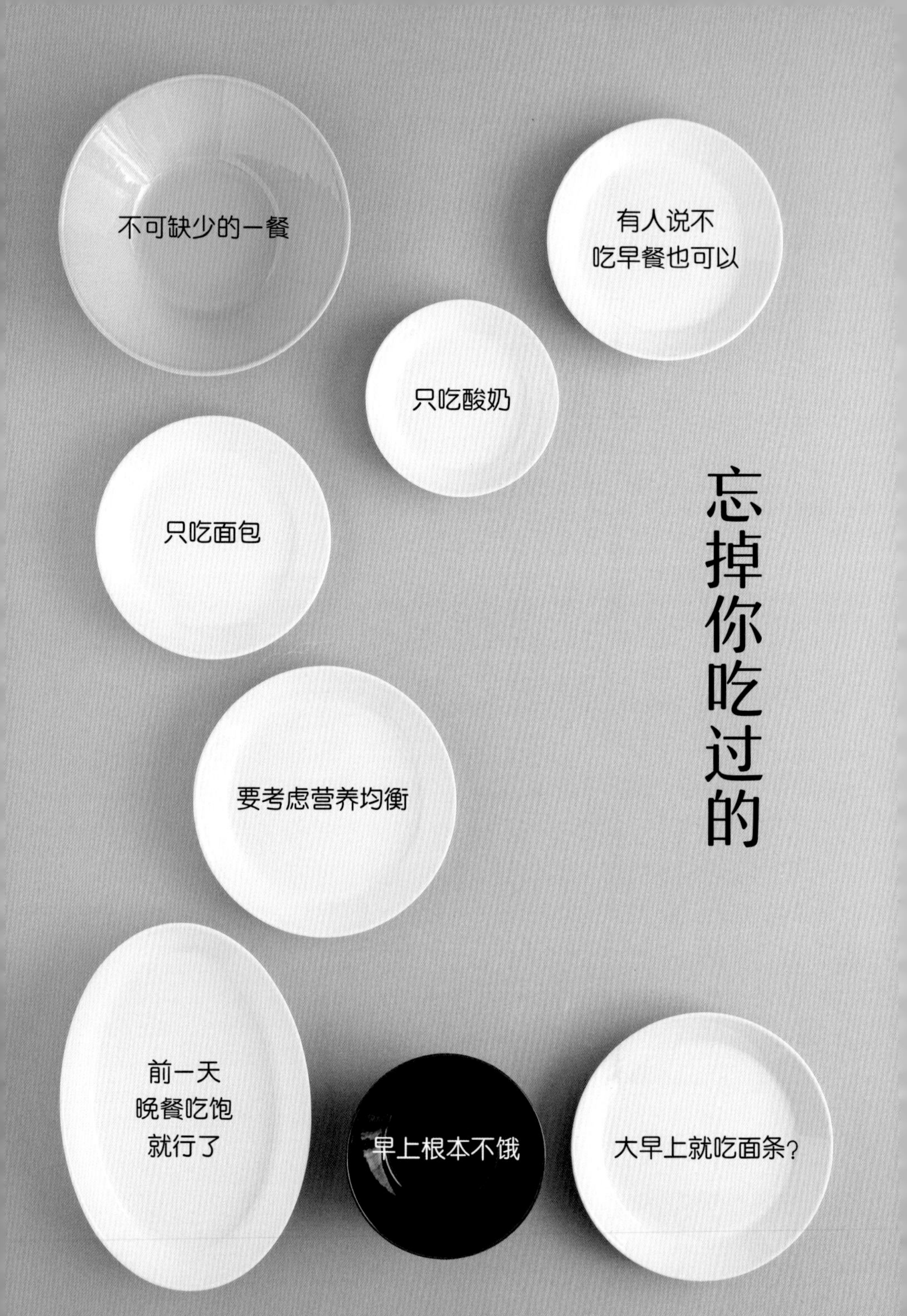

忘掉你吃过的

不可缺少的一餐

有人说不
吃早餐也可以

只吃酸奶

只吃面包

要考虑营养均衡

前一天
晚餐吃饱
就行了

早上根本不饿

大早上就吃面条？

方便比口味更重要

早上没食欲

只吃面包，结果
不到中午就饿了

所有早餐吧

早餐吃点心
很奇怪

便利店
随便买点吃

昨天剩什么，
早餐就吃什么

煎蛋一定要配酱汁

反正在公司吃，
吃什么都无所谓

让人期待起床的早餐

俗话说，万事开头难。

起床也是一样。

好想一直待在舒适的被窝里，

现实却不允许。

所以，离开被窝看似不起眼，

其实是“踏出努力的第一步”。

这份努力就是积极面对生活的态度。

睁开眼睛，很快就能起床。

在晨光中开始焕然一新的一天，这一天好像令人期待起来。

能把我们拉出被窝的最大动力，也许就是美味的早餐了。

“烤吐司涂上香甜可口的草莓酱，好想吃啊！”

“不知道浸泡了一夜的法式吐司有没有入味呢？”

如果每天的早餐都这么让人期待，

你就不会在被窝里挣扎，会恨不得天早点亮。

与其不情愿地起床，熬过一天，

不如愉快地起床，迎接充实美好的一天。

你可以选择想要的生活。

很多个“今天”的累加就是蓦然回首时的“人生”。

书中介绍的早餐食谱，能帮你把起床变轻松。

希望大家都能用好心情迎接早晨。

并不难，也不用施展魔法，

靠自己的双手，就可以创造和拥有这份幸福。

ZZZ...

一顿幸福的早餐 好处多多

启动身体

早餐可以补充身体在睡眠中流失的水分，促进胃肠蠕动，有利于排便。它还可以为大脑补充能量，为我们提供一上午的活力，有活力才会觉得幸福呀。

丢掉昨天的负能量

沉睡时，愤怒、悲伤等情绪会得到释放，心灵平静放松。早上醒来，如果还有一份美味早餐在等着自己，前一天的负能量就统统留在梦里啦。

把房间也叫醒

早晨睡眼惺忪的可不只是你，房间也在半梦半醒中。食物的香味伴着从窗户洒进来的晨光，让整个房间充满了朝气，也会让你感到精力充沛。

感受四季的美味食物

空气新鲜的早晨，我们的嗅觉和味觉都很灵敏。在早上吃桃子比在晚上吃感觉更香甜。早餐时享用应季的水果或蔬菜，可以在忙碌的生活里通过美食感受四季的变换。

多了一些和家人交流的机会

书中的早餐食谱可以做出快乐“一人食”，也可作为为家人准备早餐时的创意参考。一家人吃得营养又开心，餐桌上的笑声是不是也更多了？

随心所欲的早餐

习惯不吃早餐的人，一直觉得“凑合一下”完成任务的人，也许很难理解什么是“不负晨光”的早餐。

就像小时候学校远足，或是一场期待已久的活动，前一夜我们会一直想“怎么还没到明天呢”，兴奋地辗转难眠。“明早我想吃那个”，早餐也可以让你怀着期待睡去。

早餐可以吃得随心所欲。不论是芭菲，还是拉面、猪排盖饭，哪怕一口气吃上 3 碗米饭也没关系。因为早餐摄入的食物，到睡前一定会消化完毕。

所以，比起午餐和晚餐，早餐没什么限制。均衡摄取营养固然重要，但早餐首先要足够美味，才能吸引我们起床。

这本书为大家介绍了很多美味的食谱，不妨探索一下，找到自己的最爱，迎接一天的好心情。

早上
不想花费
太多时间做饭

5分钟搞定
工作日早餐

想吃顿美味早餐，但早上根本来不及准备。书中的食谱大多是快手料理，只需要5分钟就能做好，却好吃得不可思议。另外，这里也有适合休息日的食谱，需要花费一点时间提前准备好。

挑战早餐
最大的敌人
——“怕麻烦”

怕麻烦可以说是做早餐的最大障碍。在争分夺秒的早上，如何做一顿不马虎的早餐？书中针对实际生活中的三个烦恼，给出了解决方案。

大家好，我是最怕麻烦的慵懒小姐。不好意思啦。

吃完了
不想收拾

↓

尽量减少
要洗的碗碟

书中的食谱尽量不使用刀、砧板、锅，食材可以用手撕，减少需要清洗的餐具。页面下方还有“慵懒小姐的道歉”，她为了不洗碗、不收拾绞尽了脑汁，是不是和你一样？

就是懒
什么都不想做

↓

你需要一些
有趣的早餐创意

我们很容易随便买点吃吃，当作早餐。但如果有“一点小心思，美味大不同”的创意，你一定会想试试。书中有很多食谱只要前一天晚上准备好，早上可以直接吃。

目 录
contents

鸡蛋早餐

面包早餐

米饭早餐

甜点早餐

蔬菜水果早餐

汤羹早餐

本书的使用方法

推荐睡前阅读

“明天早晨，吃点好吃的吧”，
这个念头比闹钟更有用。
今天过得越辛苦，越有必要想一想明天早餐吃什么，把疲惫抛在脑后。
计划早餐的时候，就算肚子咕咕叫着提出抗议，也要忍耐一下。
只要入睡了，新的一天就会转瞬来临。
这份饥饿感，会成为早上快乐起床的最好动力。

【本书中的食谱说明】

• 1 大勺 =15 毫升、1 小勺 =5 毫升、1 杯 =200 毫升。
• 如果没有特别注明“盖上锅盖”，则开盖烹饪即可。
• “纸巾”指厨房纸巾。
• 书中使用的平底锅有 20 厘米与 26 厘米两种规格，汤锅有 16 厘米、18 厘米和 20 厘米等不同规格。.
• 火候和加热时间是决定味道的关键。文中用红字标示。
• 标注“快手”的食谱，5 分钟内即可完成，推荐在工作日做。标注“慢慢来”的食谱，通常需要 6 分钟以上的制作时间，推荐休息日尝试或提前一晚准备好。
• 微波炉加热时间以 600W 功率为基准。如使用 500W 的微波炉，加热时间需延长至 1.2 倍。不同品牌及型号的微波炉需要的加热时间有差异，请根据实际情况调整。

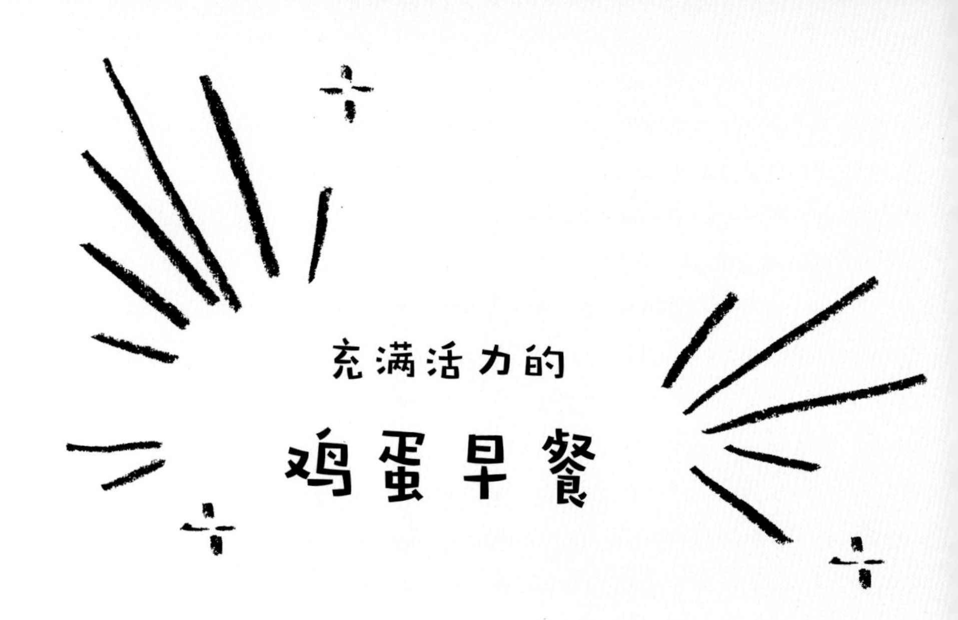

充满活力的
鸡蛋早餐

不停追赶目标的生活令人疲惫，会在不知不觉中迷失方向。

这时，用鸡蛋做的早餐可以重新为你注入活力。

鸡蛋浓缩了孕育生命所需的营养成分，本身也是一个生命体。这样看来，没有比鸡蛋更奢侈的早餐食材了。

在夜间的睡眠中，身体会消耗我们从晚餐中摄取的能量，需要通过早餐继续补充。

用鸡蛋做早餐，不仅能补充能量，补充的时机也很好，简直完美。

但是对大多数人来说，吃鸡蛋没有特别的幸福感。这或许是因为一成不变的做法和口味，那么，一起来试试我的鸡蛋早餐食谱吧。

做法虽然没有什么特别，但会和大家分享一些小窍门。

做好后请怀着初次品尝鸡蛋的心情享用。

你会发现，掌握一些小窍门，多花一点小心思，鸡蛋的味道会让人惊艳。

这就是生活里的小确幸吧。

鸡蛋的优点

· 鸡蛋含有人体必需的 8 种氨基酸，并且比例与人体的需求十分相近，是非常容易吸收的优质蛋白。
· 鸡蛋还含有多种维生素、矿物质，其丰富的抗氧化物质有助于提高身体免疫力。

让天空放晴的

太阳蛋

早上起来，窗外灰蒙蒙的。这样的日子如果有一缕阳光穿过云隙，心情也会立刻变得明朗。

没有阳光也没关系，太阳蛋可以带来好心情。

平底锅预热 1 分钟，锅底温热后打入鸡蛋。

鸡蛋凝固前，轻轻用勺子调整蛋黄的位置，一个太阳般的煎蛋就做好了。

没有阳光的早晨，用早餐来创造好天气吧。

原料（1 人份）

· 鸡蛋……1 个
· 色拉油……1 小勺
· 盐……少许

做法

①在直径 20 厘米的平底锅中倒入色拉油，开中火，预热 1 分钟。
②将鸡蛋完整打入锅中央。用勺子调整蛋黄的位置使之位于鸡蛋正中间。
③加热 1 分 30 秒 ~ 2 分钟。待蛋白凝固、边缘微焦时起锅。撒少许盐或淋少许酱油即可。

大家通常默认，酱油是煎蛋的标配。但其实每个人都有自己偏好的口味，不妨趁机来次小小冒险，也许会意外地发现令人惊喜的新口味。

慵懒小姐的道歉

懒得洗碗的时候，将煎好的太阳蛋直接铺在米饭上就是一碗“煎蛋盖饭”。开吃后盖饭就变成了拌饭，非常美味，而且只要洗一个碗就行了。

煎蛋

换个煎法

水煎

先将鸡蛋稍微煎一下，再在锅里淋一点水，盖上锅盖，文火加热。蛋黄表面会蒙上一层半透明的薄膜。吃时用筷子轻轻戳破，金黄的蛋液流出来，在蛋白的映衬下，鲜艳美丽。

双面煎

单面煎蛋越来越常见，所以更要试试双面煎蛋。将蛋黄充分煎熟，能更好地品尝到蛋黄本身香软的口感。

对折煎法

把煎蛋对折即可。对折后，煎蛋的上下面均匀受热，蛋黄的口感更加湿润。这样做好的煎蛋容易用筷子夹，吃起来也更方便。

脆煎

锅里多倒些油，煎出来的蛋白边缘会微微发焦。蛋白香脆、蛋黄嫩滑，口感很特别。

面包边煎蛋

切下面包的四条边围成一圈，中间打入鸡蛋一起煎，等于同时做好了烤吐司和煎蛋两道料理。吃的时候可以用面包蘸蛋黄。外观、吃法都别具一格。

甜椒煎蛋

手边如果有甜椒，可以试试这道煎蛋。即使是个头偏小的鸡蛋，这样做也可以满足胃口，还很美观。甜椒的甜味和各种调味汁、酱油、盐、胡椒都很搭。

番茄煎蛋

番茄煎一下吃更美味，还能在营养上与鸡蛋互相补足，简直是完美组合。这道料理也颇具视觉美感。

经典培根煎蛋

大家都知道的吃法为何还要列出来？因为好吃。早餐吃下两片培根加两个鸡蛋，即使没有摄入碳水化合物，也可以撑到中午吧？

和星级酒店做的一样嫩滑

美式炒蛋

黄油的香味充满整个房间，炒蛋嫩滑得想用叉子叉起来都有些困难。

要是能在清晨吃上这样一份美式炒蛋，一定会很幸福吧。

做美式炒蛋的秘诀在于，利用余热凝固蛋液。在锅中倒入蛋液后，稍稍搅拌几下就关火，利用余热让蛋液慢慢定型。

鸡蛋比想象中熟得快，所以确切地说，是将蛋液“加热”一下而不是“炒”，这样才能做出嫩滑的炒蛋。

原料（1 人份）

- 鸡蛋……2 个
- A
  - 牛奶……1 大勺
  - 盐……少许
  - 胡椒粉……少许
- 色拉油……1 小勺
- 黄油……10 克

做法

①将鸡蛋打入搅拌盆中，搅拌 30 下打散后，加入准备好的 A。

②在直径 20 厘米的平底锅中倒入色拉油，中火加热后放入黄油。黄油融化 1/2 后，从高处倒入蛋液。

③静置 10 秒，待蛋液边缘凝固，用橡胶刮刀翻拌 10 下。关火，再翻拌 5 ~ 10 下，利用锅中余热让蛋液凝固，起锅装盘。

今天的心情 配餐面包预示

凭直觉来选择配餐的面包吧。
默念“今天会是很棒的一天”，自我暗示一下，也许会成真哦。

温柔的一天

白面包

日本动画片《阿尔卑斯山的少女》中，主人公海蒂就为牙口不好的奶奶做过白面包。松软的口感让心情也变得柔软。

利落的一天

烤吐司

吐司烤到表面微焦时最好吃。心情随着酥脆的口感变得轻快，处理事情似乎也干练起来。

坚定的一天

燕麦面包

口感偏硬的燕麦面包稍微烤一下，扎实的口感与炒蛋的嫩滑形成对比，简直绝妙。每一口都会让你变得更踏实有力。

媲美星级酒店的美式炒蛋

添加黄油

第③步蛋液开始凝固时，根据口味喜好再加一点黄油。黄油的浓郁香味会让炒蛋美味升级。

米其林三星餐厅的口感

用 2 大勺淡奶油代替原料 A 中的 1 大勺牛奶，炒蛋会更香浓。蛋液中额外再加一个蛋黄，做好后盛在吐司上，简直是媲美米其林餐厅的美味。

你喜欢几分熟?

水煮蛋

“没时间吃早餐啊！”你需要方便营养的水煮蛋。
全熟？半熟？烹煮时间不同，口感与味道也完全不同。
相信大家都有自己喜欢的口味。
我把煮蛋时间和对应口感整理出来，供大家参考。
提前一天煮好，早上剥开蛋壳就可以享用了。

今天吃几分熟
的水煮蛋呢?

煮制时间

我看上去
很好剥吗?

美味口感与剥蛋壳的麻烦程度成正比。让我得意一下。

没人陪伴好寂寞

蛋黄还有些生，搭配沙拉会很美味。

另外，在不同的时间点，依次取出鸡蛋，就可以一次做出不同口感的水煮蛋。

原料（容易操作的用量）

- 鸡蛋……5～6 个
- 盐……1/2 小勺
- 醋……1 小勺

做法

①**提前一天**从冰箱里取出鸡蛋，放置于室温下。

②在直径 18 厘米的锅中加入 5 杯水，煮开后放入盐和醋。

③将鸡蛋慢慢放入水中。调至中火开始计时，根据想要的口感决定煮的时间。捞起鸡蛋后，放入凉水中冷却。

盐水腌蛋的做法

先调配盐水，浓度为 10%。将 4 杯水与 4 大勺盐混合，中火煮 1 分钟关火即可。盐水冷却后，放入 10 个生鸡蛋，一周后就可以享用盐水腌蛋了。冷藏可保存 2 个月。

盐水腌蛋

咸鲜味的腌蛋

8 分钟

现在人气最高的就是我

恰到好处的半熟口感，单手拿着吃也很方便。

10 分钟

其实我才是大家的最爱吧

蛋黄的松软度刚刚好，做三明治夹心也很合适。

12 分钟

我成熟冷静 名不虚传

熟透的鸡蛋。加点盐就可以享用了。

慵懒小姐的道歉

我喜欢全熟的鸡蛋。只要把鸡蛋放入有水的锅里，盖上锅盖摇一摇，蛋壳就很容易剥下来。比起增加 20% 的美味，我更喜欢减少 10% 的麻烦。这样不是很好嘛。

一勺下去，蛋皮会弹开的

日式蛋饼

Q 弹的外皮里包着软嫩的食材。吃了美味的日式蛋饼，好心情可以保持一整天。

做好日式蛋饼的关键在于蛋皮。蛋液稍稍凝固后，倾斜平底锅，再加热约 20 秒。这就是蛋皮 Q 弹的秘诀。

在匆忙的早晨，花时间等待虽然有点奢侈，但这份美味会让你觉得一切都值得。

原料（1～2人份）

· 鸡蛋……3个

A
- 蛋黄酱……1大勺
- 盐……少许
- 胡椒粉……少许

· 色拉油……2小勺

做法

①将鸡蛋打入搅拌盆中，打散后加入A，搅拌均匀。

②在直径20厘米的平底锅中倒入色拉油，中火预热2分钟。用筷子沾一点蛋液放入锅中试温，如果蛋液迅速凝固，即可从高处将蛋液全部倒入锅中。

③静置10秒，蛋液边缘开始凝固时，用橡胶刮刀快速搅拌蛋液约30下。

④将平底锅倾向自己，顺势将凝固的蛋液卷成月牙形。

⑤再静置加热20秒，用橡胶刮刀将蛋饼翻面，装盘即可。

Q弹的蛋皮里包着什么？

金枪鱼蛋黄酱

淋一点酱油更下饭。

番茄酱

番茄酱要挤在蛋饼外面。

日式蛋饼的魅力在于可以随意变换蛋饼里的食材。
做给家人吃时，试试加入不同的食材，餐桌上一定会很热闹。
食材在第④步加入即可。

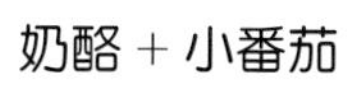

奶酪＋小番茄

清新的番茄搭配鸡蛋是绝佳美味。

小份番茄炒饭

一大早就可以吃上蛋包饭。

轻松搞定

不用卷的高汤蛋卷

“每天早上都能吃上高汤蛋卷”，听起来就很幸福。

但是，做蛋卷真的很麻烦。这里给大家介绍一种技巧，不用卷就能吃上松软的蛋卷。

首先将蛋液倒满平底锅，像做美式炒蛋一样搅拌，然后将已经凝固的蛋液推向锅的一端，倒入剩下的蛋液，如此反复几次，直到蛋液用完。蛋液凝固后叠起来即可。配上白饭跟味噌汤就是一顿完美的日式早餐！

原料（1～2人份）

· 鸡蛋……3个

A
- 柴鱼片……5克
- 水……1杯

B
- 酱油……1小勺
- 味淋……1小勺

· 色拉油、紫苏叶……各适量

快手 5分

剩下的高汤可以用来做味噌汤

做法

①提前一天混合原料A，放入冰箱。第二天取4大勺备用。

②将鸡蛋打入搅拌盆中，搅散，加入①和原料B搅拌均匀。

③中火预热煎蛋锅，用厨房纸巾沾取色拉油涂抹锅底及四周。

④先在锅中加入少量蛋液，待蛋液可以迅速凝固，再倒入2/3蛋液。用橡胶铲搅拌至半熟，推向锅的前侧堆好。

⑤空出来的锅底再抹上油，倒入余下的蛋液，同时稍稍抬起锅前侧堆好的鸡蛋，让蛋液流入底部。待余下的蛋液表面也凝固后，用橡胶铲叠好即可。

让料理看起来更高级的摆盘技巧

加入高汤的蛋卷带有一种细腻独特的风味，体现了日式料理的精髓。再在摆盘上花一点心思，这道料理就会让人眼前一亮。

哇，好大胆！

切成2份

爽快的一刀，仿佛在说“蛋卷非常松软”。

嗯，真有品位！

切成4份

三角切法像是时髦餐厅中的造型。

有煎蛋锅相伴的生活

还在用平底锅做高汤蛋卷的你，请一定试试四角煎蛋锅。用它做出来的蛋卷外形好看，做起来也很方便。

慵懒小姐的道歉

我的老家有一家专门做鳗鱼饭的餐厅，饭上除了鳗鱼还有高汤蛋卷。
我也学着把高汤蛋卷放在米饭上，哇，太好吃了。
并不是想少洗一个盘子，是真的超美味啊。

因为纯粹，所以美味

生鸡蛋拌饭 +1

生鸡蛋拌饭，就是在刚出锅、热乎乎的米饭上，打一个新鲜的生鸡蛋。用筷子将蛋黄戳开一点，淋上几滴酱油，就是一道美味了。乍看像是快餐，其实鸡蛋要足够新鲜才行。

美味的生鸡蛋拌饭只要稍稍改变一下，味道就会让人惊喜。来试试新口味怎么样？

让生鸡蛋拌饭变得更美味的9种方法

1

加点配菜

加一点鳕鱼籽或黄油、梅子干这类下饭的配菜，会带来口感的微妙变化。

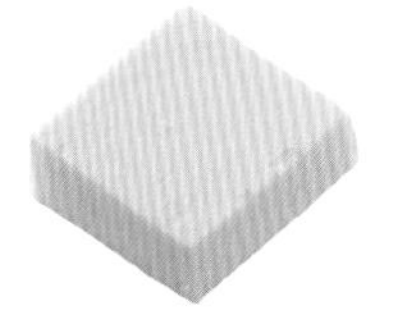

2

换个餐具

小碗、大碗、平盘，虽然盛的食物一样，但变换一下餐具，就餐心情就会不同。越简单的料理越是如此。

3

换种搅拌法

轻轻搅拌10次跟充分搅拌50次，味道会有什么不同呢？

4

换种香味

加入香气浓郁的紫苏叶，可以提升口味；撒上一点碎芝麻，口感会更丰富。

5

换种调味料

可选择的调味料有七味粉、芥末、胡椒、橄榄油、蛋黄酱、奶酪粉、拌饭调料。想不想试试？

6

改变对鸡蛋的态度

默默向鸡蛋道声谢谢再吃，你会发现，这一口不再是囫囵吞下，而是能细细品味鸡蛋的滋味了。

7

只打入蛋黄

对于这种奢侈的吃法，大家评价不一。认为“正常吃法就好”的人还是占多数。

8

用更贵的鸡蛋

多花几元就可以买到品质更好的鸡蛋。从这个角度来说，鸡蛋是性价比很高的食材。尝尝用高品质鸡蛋做的生鸡蛋拌饭吧。

9

换种煮饭的方式

可以在前一晚准备好鸡蛋，洗好米，预约好电饭煲的煮饭时间；也可以将煮好的米饭冷冻起来，早上微波加热后再吃。打在热腾腾的米饭上，鸡蛋会更香滑。

营养界的巨人

神奇的鸡蛋

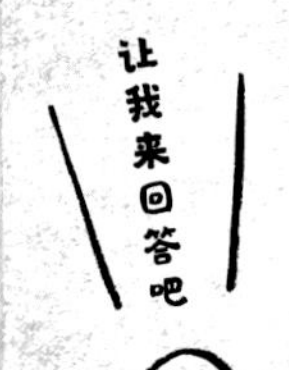

Q

早上很忙，只来得及吃一个水煮蛋，营养会不会不均衡？

没关系。配上番茄汁，我们就是最强组合

“只吃一个水煮蛋”，这么说可是小瞧我了。我可是一只能孕育生命的鸡蛋哦。

单纯比较能量的话，我也许比不上半块面包，但就营养价值而言，我和面包可有天壤之别。不过，我不含膳食纤维和维生素 C，如果能用番茄汁来补足，营养就均衡啦。

另外，体力活动较多的话，还是需要摄入适量碳水化合物作为能量来源。

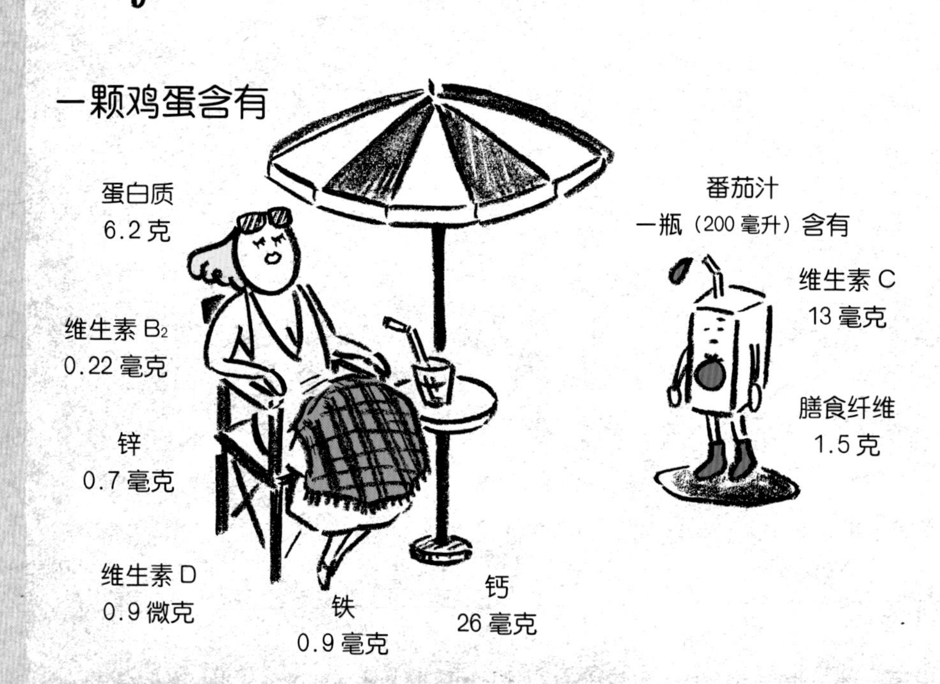

Q

感冒了，为什么要喝鸡蛋粥或鸡蛋酒？

A

因为容易消化，还能温暖身体。

感冒的时候，身体缺乏活力，营养难以吸收，这正是我出场的时候。鸡蛋很容易被人体消化吸收，适合感冒时虚弱的身体。

酒和粥都可以让身体暖和起来。随着体温上升，身体也会重新活跃起来。这样双管齐下，就可以更快康复了。

Q

一天只能吃一个鸡蛋吗？

A

如果没有医生的特别叮嘱，多吃一点也没问题。

鸡蛋实在太好吃了，不知不觉就会多吃。不用担心，鸡蛋不会让胆固醇指数急增，吃肉才会哦，这是有科学依据的。

但鸡蛋富含胆固醇也是事实，所以也不能吃太多，任何食物都不宜过量。如果医生没有明确说“不可以”，每天吃 2 个鸡蛋没有问题。

Q

鸡蛋所含的蛋白质比肉类还要丰富？

A

比起肉类，鸡蛋所含的蛋白质更容易被人体吸收。

蛋白质由氨基酸组成，在 20 种氨基酸中，有 9 种是人体无法合成、只能从食物中直接摄取的，被称作“必需氨基酸”。

食物所含“必需氨基酸”的比例，可以用氨基酸评分来衡量，我的氨基酸评分是满分哦！

肉类和牛奶可以达到 80 分。不过，蛋白质搭配维生素更容易消化吸收。这样一来，富含维生素的鸡蛋就更胜一筹了。

创意餐桌

“啊，好想拍下今天的早餐。”如果你有这样的冲动，那一定是一顿很棒的早餐。下面和大家分享三个装饰餐桌的小技巧，让早餐时光更美好。

摆盘方法有讲究

椭圆盘

正圆型的盘子即便加上餐具，通常还是很难填满画面，椭圆盘会更方便构图。不管是米饭还是面包，放在盘中都很上镜。

营造温暖的氛围

木制餐具

木制餐具让人感到踏实和放松，比金属餐具更温暖。世上没有两片同样的树叶，也没有同样纹理的木头，每件木质餐具都独一无二。现在木制餐具越来越受欢迎，有樱桃木、橄榄木、胡桃木等多种木材可选，搭配不同风格的餐桌。

餐巾纸

准备一些一次性餐巾纸，风格清新的或色彩明亮的都可以。根据每天的心情选择。还可以把面包之类的早餐直接放在餐巾纸上，吃完后裹上面包屑扔掉就好，非常方便。

开始写早餐日记吧

拍下每天的早餐，作为早餐日记。随着时间的流逝、照片的累积，翻阅起来会很有成就感，也能成为继续做早餐的动力。

用美妙的味道和口感唤醒自己

面包早餐

如今的面包变得越来越诱人了。

一方面，新品层出不穷，另一方面，随处可见的便利店和面包房让世界各地、不同风味的面包触手可及。

早餐吃面包带来的幸福感也在增加。

买面包，能享受至选购的乐趣。

自己动手做面包，能直接感受到扑面而来的麦香和酵母菌散发的芳醇气息。

一口咬下去，蓬松，柔软，软糯，酥脆……口感丰富多样。

方便、轻松、好吃。这就是面包的魅力。

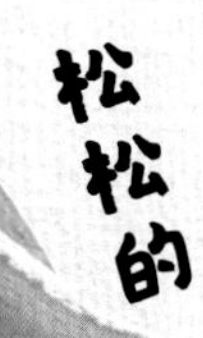

面包的优点

- 胚芽面包或杂粮面包能提供丰富的膳食纤维和 B 族维生素。
- 法棍这类有嚼劲的硬面包会刺激唾液分泌，增加吃早餐的满足感。
- 面包适合搭配蔬菜和水果，有助于维生素 C 和膳食纤维的吸收。

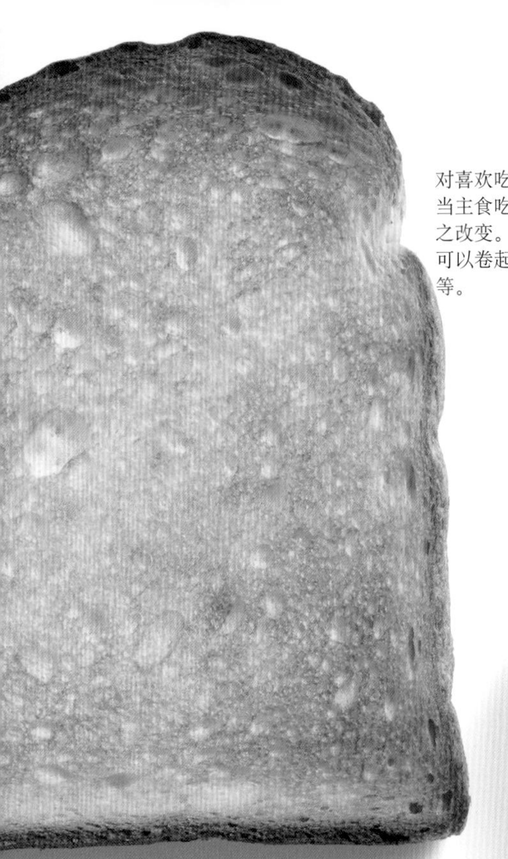

吐司面包

对喜欢吃米饭的人来说，吐司面包可以当主食吃。切片的厚度不同，吃法也随之改变。厚切吐司口感香软，切薄一点可以卷起来吃，还能做三明治、烤吐司等。

法式乡村面包

法式乡村面包（campagne）以黑麦和胚芽为原料，外观偏棕色，口感有嚼劲。乡村面包这个名字与它朴素的味道相得益彰。

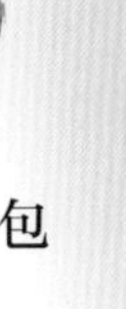

适合当早餐的面包

切面对比图

可以用面包的切面对比图来呈现面包的口感。

表皮越厚，口感越香脆；内部组织越细密，口感越柔软。

对照图片，加一点想象，选一款当明天的早餐吧。

贝果

原料不含油脂、鸡蛋、牛奶，适合当主食。要把面包坯整形成圆环状，用水煮过之后再放入烤箱烤制而成。口感软糯，适合搭配各种食材，也可以做成三明治。

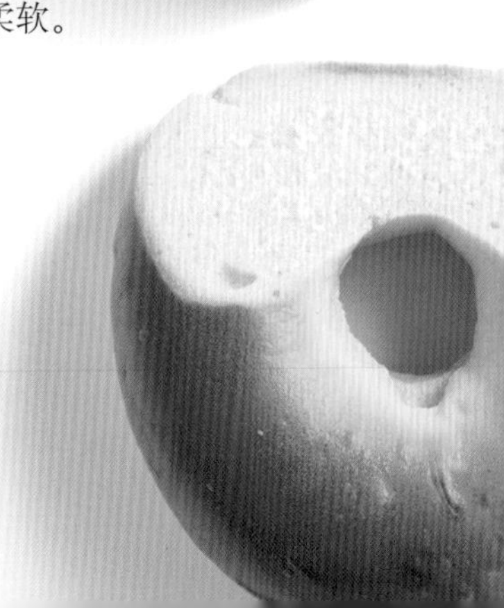

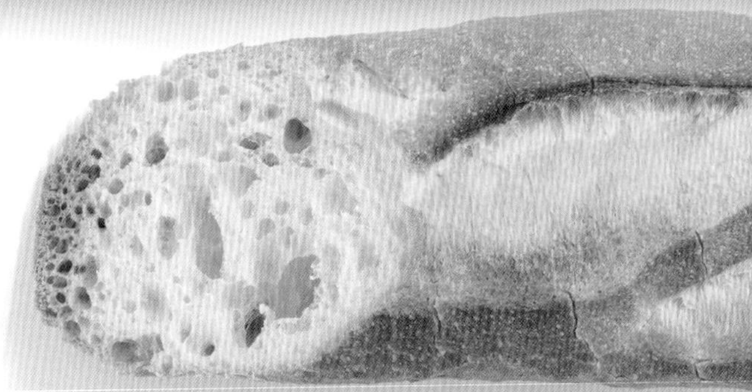

法式长棍面包

长棍状的法式面包外皮松脆，能充分感受到小麦的香味。口感较硬，很有韧性，需要细嚼慢咽，能给我们带来饱腹感。可以当零食，也可以搭配其他食材享用。

英式玛芬

英式玛芬是一种类似贝果的面包。口感像小圆面包一样松软，食欲不佳的时候也能轻松享用。很适合搭配肉类，在中间夹入食材，就能结结实实吃上一顿。

法式巴塔面包

巴塔面包的外形很像法棍，但比法棍更粗一些。中间非常松软，集合了吐司和法棍的优点。可以做三明治，也可以烤着吃。

可颂面包

层层堆叠的面团中糅入黄油，可以充分享受黄油的美味。外形优雅的可颂可谓面包界的颜值担当，适合周末悠闲的早晨。

怎样加热面包才好吃？

建议用微波炉或平底锅加热。用微波炉加热时，先用打湿的厨房纸巾包住面包，加热 10 秒即可。用平底锅加热能锁住水分，保持面包的蓬松柔软。

用平底锅做出媲美喫茶店的味道

香浓黄油烤吐司

“放进吐司机烤一下就好”，烤吐司常常被看作是一道简单的料理。其实的做法可以千变万化，滋味大有不同。

先放下吐司机，试着用平底锅烤烤看。平底锅只会加热吐司表面，让外皮变得松脆，同时又能锁住内部的水分，保持湿润松软的口感。最后按个人的口味喜好抹上黄油就做好了。

咸海带丝 + 奶酪

这款吐司太好吃了，
我可以一直吃到老。

番茄 + 奶酪

对，就是你想象中的味道。

火腿 + 奶酪

回归质朴简单的美好。

纳豆 + 大葱 + 奶酪

纳豆的新吃法！

创意吐司食谱39连发！

烤吐司是一种玩法多样的食材！

接下来为大家介绍39个食谱，包含经典做法和各种创意搭配，好做又好吃。

图片都以吐司面包为例，你也可以试试用不同种类的面包来做。

梅子干 + 黄油 + 黑芝麻

面包变甜了？
原来是梅子干的功劳。

日式佃煮海苔 + 奶酪

像涂果酱一样将佃煮海苔涂在吐司上，真的很好吃。

放上去

烤呀

卷心菜 + 鸡肉 + 蛋黄酱

一款鸡肉吐司，可以直接买鸡肉罐头作为食材。

竹轮 + 蛋黄酱 + 酱汁

酱汁经过烘烤散发出焦香，让人想起夜市上的路边摊。

鳕鱼籽 + 奶油奶酪

深夜来上一片，今天完美了！

颗粒芥末酱 + 香肠

热狗风味吐司。

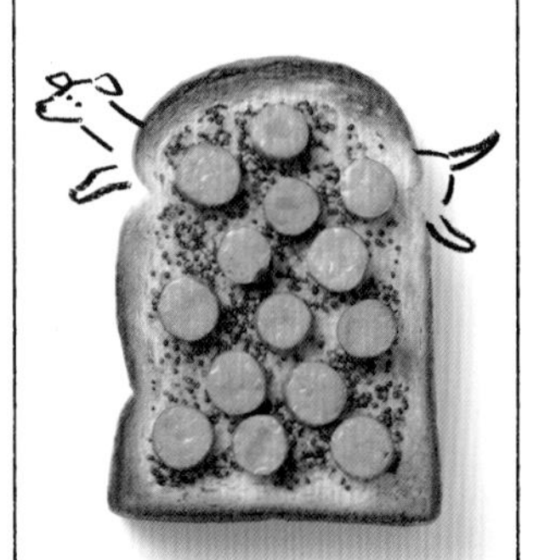

红姜丝 + 海苔 + 奶酪

哇，大阪烧风味吐司。

辣白菜 + 蛋黄酱

辣白菜与蛋黄酱的恋情现在开始……

海苔 + 小鱼干 + 奶酪

咬一口，满满的大海的味道。

玉米奶油 + 奶酪 + 蛋黄酱

玉米浓汤味吐司。

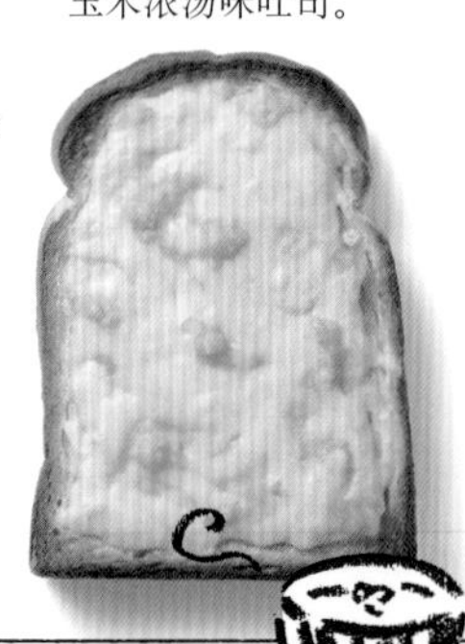

牛肉罐头 + 胡椒

一大早就吃肉！肉！肉！

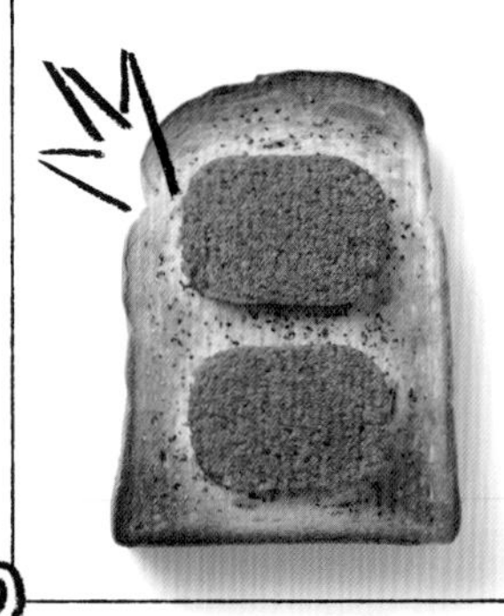

主食系 ②烤好吐司再放配菜

温泉蛋 + 奶酪粉 + 橄榄油

不同于煎蛋的柔软口感。

黄油 + 紫苏叶 + 金针菇

加了金针菇果然很好吃。

金枪鱼 + 咖喱粉 + 蛋黄酱

如果要做给别人吃，
请事先问下对方吃不吃咖喱。

番茄 + 罗勒叶 + 橄榄油 + 盐

再加一点蒜泥，
就是一块玛格丽特披萨。

奶油奶酪 + 紫苏粉

奶酪对紫苏粉说：
你的香味我会铭记在心。

火腿 + 蛋黄酱 + 欧芹碎

火腿和吐司一起烤至焦脆。

慵懒小姐的道歉特别篇

工作日的早晨，我总是睡到最后一刻才起床的烤吐司，周末我会提前搭配好配料和吐司，做 5 种不同口味，用保鲜膜包好，放入冰箱冷冻起来。这样可以一次用完所有食材，“一口气做完了一周的早餐！”成就感也会油然而生。每天早上只需要将吐司重新烤一下就可以吃啦。

金枪鱼罐头烤吐司

①金枪鱼 + 奶酪片 + 小番茄
②金枪鱼 + 奶油酱
③金枪鱼 + 七味粉 + 咸海带丝

香蕉烤吐司

①香蕉 + 巧克力块
②香蕉 + 焦糖酱
③香蕉 + 蜂蜜 + 谷物麦片

蟹肉棒＋蛋黄酱＋柚子胡椒

在蟹肉棒后面出场的是：柚子！

黄油＋酱油＋芥末

抹点芥末折起吐司，
咬上一口，相当刺激。

小葱＋柴鱼片＋酱油＋黄油

吐司版“猫饭”。

甜点系①先放配菜再烤吐司

梅子干＋蛋黄酱＋海苔＋柴鱼片

没想到梅子干、蛋黄酱
竟然和面包这么合拍。

苹果＋肉桂粉＋黄油

吃苹果时留几片用烤箱
施一点魔法。

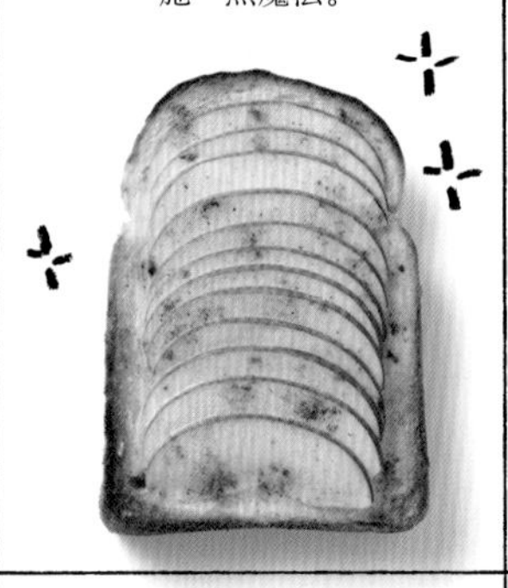

棉花糖＋巧克力块

香滑松软的早餐真美好。

布丁＋混合奶酪

嗯？有点怪，但很好吃……

香蕉＋黄油

香蕉简直是为这款吐司而生的。

蛋黄酱＋小麦粉＋砂糖

难道是传说中的哈密瓜面包？

“蛋黄酱＋小麦粉＋砂糖吐司”的做法：将蛋黄酱（1大勺）、小麦粉（1/2大勺）、砂糖（1/2大勺）混合后涂抹在面包上，再在表面撒点砂糖，烤一下即可。

甜品系②烤好吐司再放配菜

黄油＋羊羹

先感受到的是羊羹的软滑，
唇齿间是黄油的香味。

炼乳＋草莓

切好草莓摆在吐司上即可。
咬一口，美味多汁。

蜂蜜＋柠檬＋黄油

新鲜柠檬的酸味在口中瞬间
散开，回味居然有点甜！

房间＋衬衫＋我

小心中毒。

冰淇淋＋速溶咖啡粉

太好吃了，容易上瘾，
配料不要放太多哦！

香蕉＋可可粉＋黄油＋砂糖

人人都喜欢的口味。

小小秘诀

4种果酱 草莓＋蓝莓＋苹果＋柑橘

一定要试试。

披萨双拼？ 黄油砂糖＆披萨酱＋奶酪

甜咸适口，怎么都吃不够。

白芝麻碎＋蜂蜜

妈妈的口头禅：
“最简单的食物最好吃”。

手工自制
果酱 & 黄油

悠闲的周末，可以在家做些草莓酱，房间会弥漫着草莓的酸甜香气。或者，做点黄油，家里回响着摇晃鲜奶油瓶发出的哗啦哗啦的响声。

自己做的草莓酱带有新鲜草莓的酸甜味，黄油像发酵过一样香醇。如果你尝过手工自制的美妙味道，恐怕就再也不想去买市面上的制成品了。

味道绝佳还能享受亲手制作的乐趣，你可以把它们当作提前准备好送给自己的礼物，明天又是晴朗的一天。

冷藏可保存3周

自制草莓酱

原料（便于操作的用量）

· 草莓……两盒（净重500～600克）
· 砂糖……250～300克
· 柠檬汁（或醋）……1～2大勺

（除去静置、冷却的时间）

做法

①草莓去蒂、洗净，擦干水分。

放在盆里水洗比较方便。

②草莓对半切开，放入搅拌盆中，撒上砂糖拌匀，封上保鲜膜，室温下静置30分钟。

草莓会析出水分，就像出汗一样，很有趣。

③将草莓倒入直径20厘米的锅中，高火加热。用橡胶铲不断搅拌，让砂糖融化，同时轻轻碾碎草莓。

④边煮边用橡胶铲搅拌，直到用橡胶铲划开酱汁就能看到锅底。大约需要13分钟。再加入柠檬汁稍稍煮一下即可。

如图所示煮至看得见锅底，是理想的黏稠度。

⑤将煮好的草莓酱装入用热水消过毒的玻璃瓶中，装至液面离瓶口约5毫米，盖好盖子，将玻璃瓶倒置、冷却。

冷藏可保存1周

自制黄油

原料（成品100克）

· 鲜奶油……1盒（200毫升。脂肪含量40%以上）
· 盐……1/8小勺

（除去静置、冷却的时间）

做法

①鲜奶油在室温下静置30分钟（夏季）或1小时（冬季）。

②将奶油倒入500毫升空塑料瓶中，旋紧盖子，用力上下摇1～2分钟。

奶油中的脂肪会附着在瓶子内壁上，摇几下就不会再发出声音了。

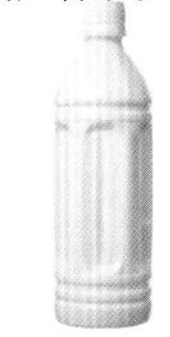

③继续摇2～3分钟，奶油中的脂肪与水分开始分离，会再次发出响声。这时便开始出现结块的黄油，当黄油结成大块时即可停止摇晃。

在室温下静置过的鲜奶油，只需摇5分钟，脂肪和水就会分离。

④准备好筛网，里面铺一张厨房纸巾，剪开塑料瓶，将黄油倒进去，用橡胶铲搅拌、轻轻按压，滤出水分，再加盐拌匀。

剩余的液体就是酪乳，可以加入红茶中或用来做汤。

慵懒小姐的道歉

像我这样的“厨房小白”也做得很开心，就像玩游戏。做好的果酱和黄油装在漂亮的瓶子里送给朋友，还会被夸“手巧”。我是不是很棒？

让食材更入味

隔夜三明治

三明治已经诞生了200多年，但夹新鲜蔬菜的三明治，是随便利店的普及才流行起来的。

下图中是三明治本来的样子。前一天晚上做好，放入冰箱冷藏，食材的味道会彼此融合，油脂也会渗入吐司，吃起来口感紧实入味。

哈

令人安心的“熟成系”配料

坚果葡萄干三明治

用奶酪片包上葡萄干和坚果碎，夹在两片吐司中即可。葡萄干的香甜融合坚果的香脆口感，让人欲罢不能。

福神渍蛋黄酱三明治

将福神渍（日式红酱菜）与蛋黄酱按1:1的比例拌匀，夹入面包即可。这样的搭配不常见，但味道令人惊喜。

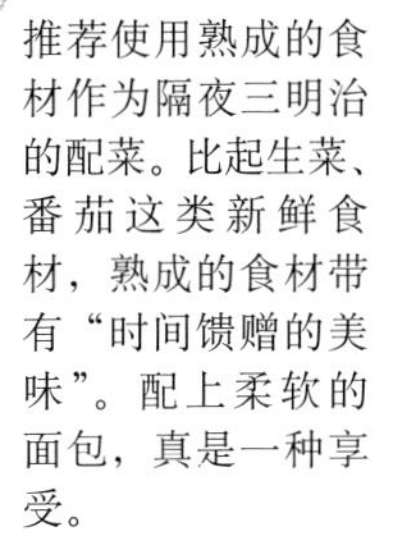

推荐使用熟成的食材作为隔夜三明治的配菜。比起生菜、番茄这类新鲜食材，熟成的食材带有“时间馈赠的美味”。配上柔软的面包，真是一种享受。

牛蒡奶酪三明治

酱香味的金平牛蒡（用酱油、味淋等调料做成的日式家常菜）与香浓的奶酪真是绝妙组合。牛蒡与奶酪的最佳配比是3:2。

微甜生火腿奶酪三明治

在吐司上涂一层薄薄的蜂密，能丰富火腿与奶酪的味觉层次。可以用平底锅稍微加热一下三明治，奶酪融化后更美味。

番茄蛋黄酱牛肉三明治

取番茄酱和蛋黄酱各1/2大勺、牛肉罐头50克，再加入少许胡椒粉拌匀。可以根据个人喜好加一些洋葱丝。小朋友也会喜欢这个味道，而且很饱足。

慵懒小姐的道歉

连把晚上的剩菜放入保鲜盒，我都觉得麻烦，不如夹进吐司里吧。如果有咖喱，再配点奶酪就完美了。早上连保鲜膜一起放进微波炉，加热20秒，光是香味就让人食欲大增。一做完就想立刻吃掉，有点可怕。

把落单的吐司变成一道小菜

最后一片吐司的逆袭

吐司只剩下最后一片时，我们总抱着不能浪费的心情，凑合着吃完。其实，最后一片吐司能做成一道特别的料理。

吐司变干后，适合搭配咸味或含脂肪的食材。吸收了培根的油脂、沙拉酱酱汁的吐司更像一盘小菜。这样一来，会不会对最后一片吐司充满期待？

培根炒吐司

原料（1人份）

· 吐司面包（厚度适中）……1片
· 培根……2片
· 欧芹……适量
· 色拉油……适量
· 芥末酱……1大勺

快手 5分

做法

①吐司切成9小块、培根切成2厘米宽的薄片备用。

②在平底锅内薄薄涂一层色拉油，摆上切好的吐司，撒上培根，中火加热。
加热2分钟后将吐司翻面，待培根煎至卷曲，和吐司块一起翻炒。最后加入芥末酱，撒上欧芹，即可装盘。

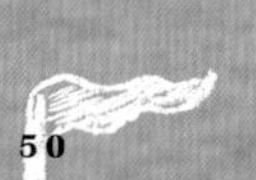

香脆吐司丁沙拉

原料（1人份）

- 吐司面包（厚度适中）……1片
- 新鲜嫩菜叶……50克
- 小番茄……6个
- 沙拉酱……适量

做法

①将吐司切成2厘米见方的小块，倒入平底锅，中火煎炒至酥脆。或将吐司块装入敞口耐热容器里，用微波炉加热1～2分钟。

②小番茄对半切开，和嫩菜叶一起装盘，淋上沙拉酱，再撒上煎炒好或加热好的吐司丁即可。

培根吐司卷

原料（1人份）

- 吐司面包（厚度适中）……1片
- 培根……4片

做法

①中火预热平底锅，吐司切成4等分的长条，用培根卷起来。

②把吐司条放入平底锅中，培根的两端朝下，加热。上色后翻面再煎2～3分钟即可。

慵懒小姐的道歉

我懒的拿砧板跟菜刀。煎吐司丁的时候，都是用手撕碎了丢入锅中。撕开的地方会很酥脆。虽说用剪刀剪开也可以，但我还是觉得麻烦……不好意思啦。

连面包边也变得香软

浸泡一夜的法式吐司

早餐吃一份香软的法式吐司，就好像还留在香甜的梦里。

做出软嫩法式吐司的秘诀是让吐司在蛋液中浸泡一夜。第二天早晨，吐司已经充分吸收了蛋液，只需简单煎一下，就可以享用了。

早起 10 分钟，早餐的幸福感就会加倍。

原料（2 人份）

· 法式长棍面包（直径 7 厘米）……切成 3 厘米厚片的，切 4 片

A
- 鸡蛋……2 个
- 牛奶……1/2 杯
- 砂糖（或蜂蜜）……2～3 大勺

· 黄油……10 克

· 枫糖浆……适量

做法

①**提前一天**将鸡蛋在搅拌盆中打散，加入砂糖，分几次加入牛奶，搅拌均匀。将的奶蛋液倒入平底盘中，把切好的法棍两面裹上蛋液，放入冰箱冷藏（如果早上做，至少需要浸泡 15 分钟）。

②中火预热平底锅，放入黄油，待黄油融化后，放入浸泡好的切片法棍。

③小火煎 3～4 分钟，翻面，再煎 3～4 分钟。起锅装盘，淋上枫糖浆即可。

面包外皮不同，味道也不同。

英式玛芬

英式玛芬的外皮很有弹性，口感也很紧实，味道非常美妙。（食谱中蛋液的用量可以做 3～4 个玛芬。）

吐司面包

面包边很香，面包中间口感绵密，可以充分品尝到鸡蛋与牛奶的味道。（食谱中蛋液的用量可以做 2 片厚切吐司。）

提到法式吐司，大家会说“面包边最好吃”，其实原料面包的外皮不同，味道也不一样。

葡萄面包

葡萄面包薄薄的外皮吸收蛋液后会变得更绵软，加上甘甜的葡萄干，简直就是一款甜品。（食谱中蛋液的用量可以做 4 个葡萄面包。）

慵懒小姐的道歉

吐司我喜欢吃微焦的，但又不想洗锅，于是想了一个办法：在锅里铺上烤纸再煎。煎好后连烤纸一起取出，放在厨房纸巾上吃，连盘子都省了。

美味乘法

烤贝果蘸冰淇淋

贝果质地软糯，烤好后不会立刻冷掉，很适合搭配清凉爽口的冰淇淋。
美味的食材互相搭配，往往会产生令人惊喜的化学反应。
买点喜欢的冰淇淋，烤几个贝果，幸福来得毫不费力。

快手 3分

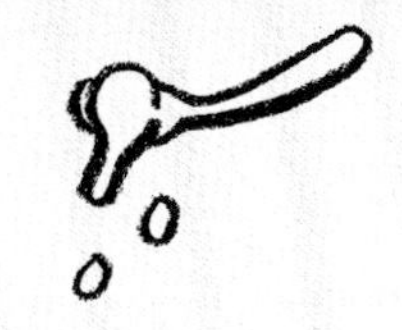

用美味乘法开启新的一天

准备好冰淇淋和贝果，一顿美味的早餐就在等着你了。变换食材搭配就像做实验一样有趣。

冰淇淋吃不完就盖上盖子第二天再吃，自由又惬意。

算式举例

原味贝果 × 曲奇香草冰淇淋 = 什么味道?

慵懒小姐的道歉

这简直是为我量身定制的食谱。遇上打折，我会囤上很多贝果，冷冻保存起来慢慢吃。我发现，咸味贝果配香草冰淇淋特别好吃，尤其在夏天，贝果搭配酸奶冰淇淋，可以说是完美的早餐。

创意吃法

春卷三明治

买一些即食的春卷皮，准备好配菜，就可以开一场春卷派对啦。
春卷皮适合搭配各种食材，裹上熟食也很好吃。
早晨又多了一份期待呢。

快手 3分
（除去静置解冻时间）

喜欢吃的都可以卷？

紫苏叶 + 鳕鱼籽

绿叶菜 + 火腿片

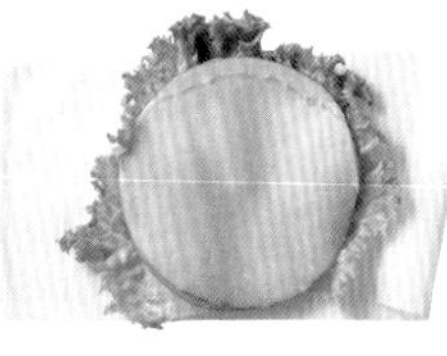

海苔 + 奶酪片

昨晚的剩菜

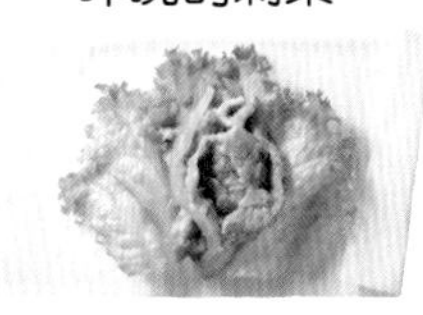

多样的吃法

- 冷藏过的春卷皮比较硬，需要常温放置 10 分钟软化。
- 将春卷皮一张张小心地分开。
- 卷好的春卷三明治可以包上保鲜膜，用微波炉稍微加热一下，吃起来很像墨西哥卷饼。
- 春卷皮搭配味道浓厚的食材更好吃。

房间里弥漫着烤面包的香气

平底锅煎面包

煎面包做起来非常简单。面团不需要发酵，揉捏成形后，用平底锅煎一下就好。煎面包吃起来又香又软，用普通的司康面团也能凸显小麦的风味。

在难得的休息日里，从揉面团开始，耐心地给家人做一份充满爱意又特别的早餐吧。

原料（8个……每个面包直径约6厘米、厚约2厘米）

A
- 低筋面粉……200克
- 砂糖（黄蔗糖更佳）……30克
- 盐……1/2小勺
- 泡打粉……8克
- 葡萄干……50克
- 核桃仁（碾碎）……30克

· 原味酸奶……150克

做法

①将A放入搅拌盆，混合均匀后，在中间划出一个凹槽，倒入酸奶。

②用手将四周的粉推向中间，像叠被子一样反复对折面团，揉匀。

③手上沾一点面粉，将揉好的面团分成8等份，捏成自己喜欢的造型。

④捏好的面包坯分2次下锅。中火预热平底锅1分钟，放入第一批面包坯，盖上锅盖煎3～4分钟。翻面后轻轻按一下，再盖上锅盖，小火煎6～8分钟。第二批做法相同。

不同的形状，不同的味道。

笑脸

咬一口，瞬间有种莫名的罪恶感。

猫爪

像猫爪的肉垫一样，软软的、弹弹的。

遥控器

换哪个频道看呢？

用平底锅做的煎面包，味道会随形状改变。不妨多尝试一些造型，比较一下味道，和家人聊聊哪种更好吃，这顿早餐便不知不觉热闹起来。

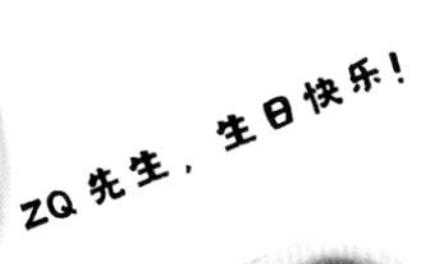

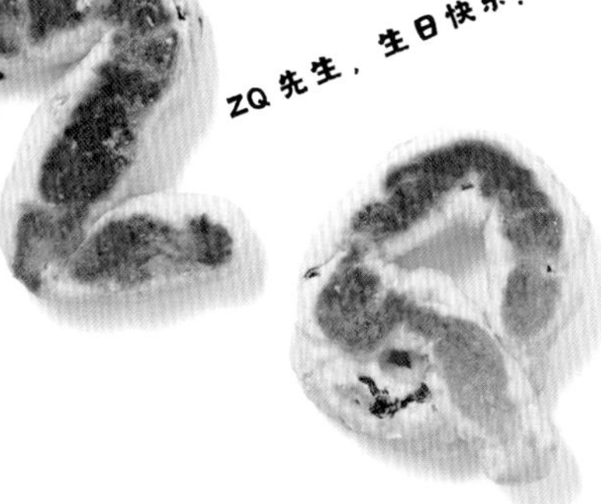

大写字母

可以当生日礼物送朋友。

看不同的风景

说走就走的野餐

无论在阳台上、家门口，还是就近找一座小公园，在室外吃饭都可以算是野餐。沐浴着清晨的阳光，呼吸着新鲜的空气，静静享受幸福的早餐时光。

为野餐准备法式长棍面包

准备好配菜和一根法式长棍面包，面包上预先划几刀，切口要深一些，吃的时候再夹入配菜，这样可以防止配菜的水分渗入面包中，保持面包的香脆。

2片夹心

上下2片面包，包裹着丰富的食材，最适合饥肠辘辘的时候吃。

配菜

· 煎鸡蛋、卷心菜丝
· 炸胡萝卜鱼肉饼、嫩菜叶
· 烟熏三文鱼牛油果

1片盛菜

没有吃饱？换个吃法，将食材盛放在一片面包上，可以试试搭配甜食。

配菜

· 花生酱、香蕉
· 番茄、油浸沙丁鱼
· 卡芒贝尔奶酪、火腿、橙皮果酱

用手撕开蘸着吃

成年人的早晨从一杯红酒开始……随性一点也不错。手撕面包蘸酱吃，说不定会有小鸟来分享面包屑。

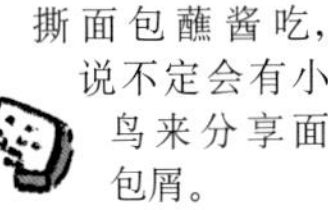

配菜

· 鳕鱼籽、奶油奶酪
· 土豆沙拉
· 奶油奶酪、梅子干、芥末

提升野餐的幸福感

想让野餐更惬意？这里有一些小窍门。

1. 餐垫要够大，最好能“唰”的一下展开

一个不起眼的动作，能立刻营造出野餐的氛围。

2. 不要每次吃同样的食物

不同的味道可以引出新话题，大家会在不知不觉中聊得很开心。

3. 野餐结束时，大家一起收拾

大家一起把东西收拾干净，给野餐聚会划上完美句号。

食谱组合 ①

巴黎酒店的早餐

清晨醒来享用一份浪漫的早餐，仿佛置身优雅的巴黎。巴黎风格的早餐少不了犒赏自己的甜品，再配上一杯香醇的牛奶咖啡，真是心旷神怡。

辛香牛奶咖啡→ P129
免切水果→ P108
焦糖香蕉→ P96
浸泡一夜的法式吐司→ P52

Breakfast

食谱组合②

纽约咖啡馆的早餐

即使是忙碌的商务人士，也要关心自己的健康。这份纽约风格的早餐以易消化的面包为主食，搭配富含蛋白质的鸡蛋、新鲜的蔬菜和水果，能为新的一天注入活力。

Good morning!

水果茶→ P128
香脆吐司丁沙拉→ P51
贝果→ P54
美式炒蛋→ P22

营养界的明星！

神奇的面包

Q

早上总是很忙，只来得及吃一片切片面包，营养会不会不够？

A

吃一片总比不吃好。
吃一片披萨吐司，营养就丰富多了。

“只一片切片面包”……是不是小瞧我啦？面包的主要营养成分是碳水化合物，能为身体活动提供必要的能量。当然，如果再配上一份沙拉就更好了。

再忙也要好好吃早餐。我推荐麦芽面包这类富含膳食纤维的面包，可以搭配番茄、火腿、鸡蛋、奶酪，做成披萨吐司。即便只吃一片，作为早餐也完全合格。

也可以在普通的切片面包上放一些金平牛蒡丝（日式食材跟面包也很配），就完美啦！

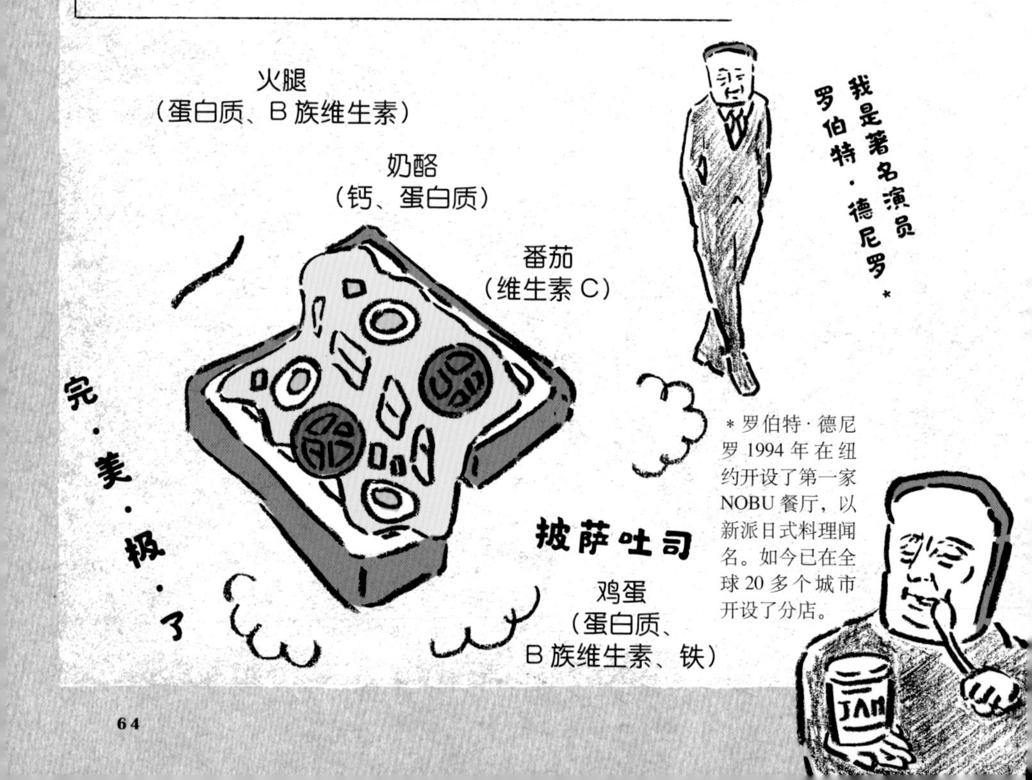

＊罗伯特·德尼罗 1994 年在纽约开设了第一家 NOBU 餐厅，以新派日式料理闻名。如今已在全球 20 多个城市开设了分店。

Q
全麦面包、胚芽面包、黑麦面包、杂粮面包……它们有什么区别？

A
区别如下：

全麦面包：用保留麸皮的小麦磨粉制作，不太膨松，口感紧实，有嚼劲。

胚芽面包：加入小麦胚芽制作而成。小麦胚芽带有独特的苦味和甜味，麦香浓郁。

黑麦面包：比起小麦，黑麦的蛋白质和脂肪含量更低，口感清爽、有嚼劲。

杂粮面包：添加了大麦、芝麻、苋菜籽等各类谷物制成。

谷物有益身体健康，这一点毋庸置疑。比起白面包，谷物类面包含有丰富的膳食纤维、B 族维生素、维生素 E，营养更加均衡。

Q
早餐吃面包会长胖？

A
这要看吃什么样的面包。

吃面包 ≠ 发胖，但若是一口气吃了好几片面包，或是同时搭配了脂肪含量较高的食材，那可就说不准了。

可颂面包、布里欧修面包都含有较多黄油和糖，高脂高热量，摄入太多热量难免会超标。因此，吃过量才是面包令人发胖的根本原因。

如何控制进食量呢？试着多咀嚼几下，唾液分泌量增加，更容易带来饱腹感，也就不会吃过量啦。

持续整个早上的满足感

米饭早餐

在亚洲，米饭普及的时间远远早于面包。

白天的工作和生活时常让人焦头烂额，早餐吃米饭，能获得一份踏实和安心，迎接漫长的一天。

米饭在胃里的消化时间相对较长，我们不容易感到饥饿。但也有人因此反对，认为早上身体还没有完全苏醒，米饭难以消化，不适宜当早餐。

本章介绍的米饭早餐不仅考虑了生理意义上的“好消化”，也包括口感层面上的“容易下咽”。

米饭的配菜除了纳豆、鳕鱼籽等日式传统食材，还可以试试蛋黄酱、牛油果等。

即使是腌渍食材、日式佃煮和米饭的经典搭配，也会因做法的变化带来新的口感。用米饭一定会做出一顿令人满足的早餐。

米饭的优点

· 细嚼慢咽能促使口中分泌更多唾液，容易有饱腹感，以免吃过量。
· 吃饭时就一点咸味小菜就行，也不会摄取过多的热量。
· 糙米饭更容易有饱腹感，糙米中含有的 B 族维生素和膳食纤维几乎可以媲美蔬菜。

边吃饭边喝茶

白米饭变身茶泡饭

在刚煮好的米饭上加一点鳕鱼籽，简单又好吃。再倒上热水或热茶，更能品味出大米的甘甜滋味。

可以先吃几口，再浇上热茶，让明太子的鲜味溶解在热茶中。对比之前的口感，一碗米饭，能吃出两种不同的风味。

忙碌的早上来不及准备好几样小菜也没有关系，茶泡饭能呈现变化的口感，让早餐富于乐趣。

用配菜烘托米饭的魅力，禅意米饭

吃饭时，我们常说“找点小菜就着吃就行”。细数起来，小菜的品种可真不少。放在小碟子里围成一圈，颇有些禅意，仿佛在诠释着米饭的美味奥秘。

before

after

小鱼干橙醋蛋黄酱

小鱼干配米饭已经很美味了，再加一点橙醋和蛋黄酱，倒入茶水，简直好吃得停不下来。

倒一点茶水会怎么样？

金枪鱼味噌

饭团也会用到金枪鱼和味噌。金枪鱼味噌饭淋上热茶，就变成了风味十足的味噌汤泡饭。鲜香的鱼肉配上米饭，让人大呼满足。

梅子干海苔芥末

可以先品尝一下梅子干海苔拌饭。倒入茶水后，再淋一点酱油，拌匀芥末。芥末的清香扑鼻而来，梅子干的美味就在这股香气中绽放。

before

after

咸海带紫苏鳕鱼籽

倒入茶水前可以先分别尝尝鳕鱼籽和咸海带的味道，再加入热茶搅拌均匀。同样的食材，加入了茶水会释放出不同的风味。

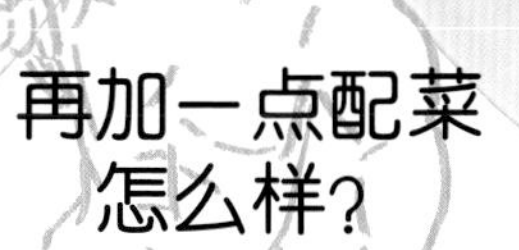

再加一点配菜怎么样？

黄油柴鱼片加柚子胡椒酱配酱油竹轮

黄油柴鱼饭加一点柚子胡椒酱、倒入茶水，热腾腾的茶香混合着柚子胡椒的香气扑面而来。竹轮给汤汁增添了鲜味，一碗便能满足。

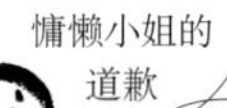

慵懒小姐的道歉

对我来说，茶泡饭最棒的一点是收拾起来特别方便。泡过热茶水，饭粒就不会粘在碗上，蛋黄酱等食材的油脂，也可以随热水一起轻松冲洗干净。

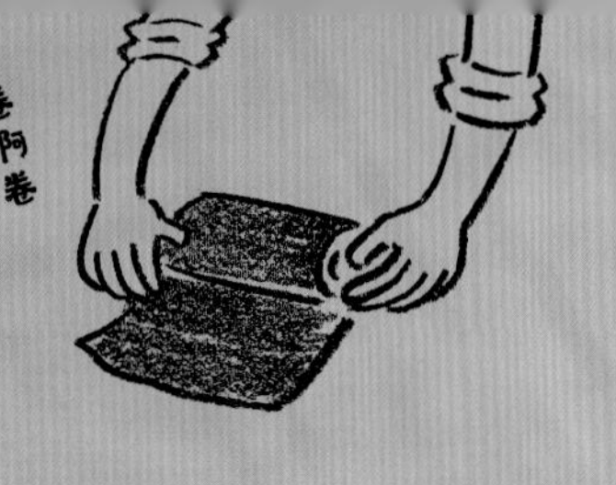

美味、方便、有创意

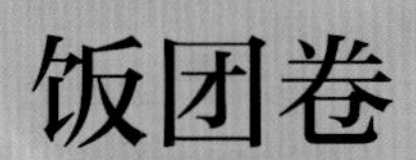

饭团卷

看上去就像细长的寿司卷，但其实是饭团。

不吃早餐不利于身体健康，也会影响工作。匆忙的清晨正是饭团卷上场的时候。它最大的优点就是吃起来很方便，一只手拿着吃就行，另一只手可以忙点别的事。真是符合现代人快节奏生活的新式饭团。

原料（2 个）

· 海苔……1 整片
· 米饭……120 克（可根据个人饭量调整）
· 紫苏叶……4 片
· 配菜（鸡蛋沙拉、鳕鱼籽、三文鱼碎等）……3～4 大勺……或前晚剩下的菜

做法

①将海苔片对半切开。
②在砧板上铺一层保鲜膜，海苔片稍稍烤一下，放在保鲜膜上。
③在海苔片上铺约 60 克米饭，将紫苏叶和配菜放在米饭中间，卷起保鲜膜。
※如果把海苔片切成 4 等份，那么每片海苔上的米饭约为 30 克，正好可以一口吃下。

换衣服也好，化妆也好，都能腾出一只手拿着吃。饭团卷携带方便，吃起来也很优雅……还有更多优点等你发现。

放下一成不变的酱汁和黄芥末

今天的纳豆与众不同

这里是纳豆爱好者的天堂，如果不喜欢吃纳豆，请跳过本页。

作为日本料理的经典食材，纳豆的味道可以有很多变化。美食家还研究过，纳豆搅拌几下，黏度和味道才能达到最完美的状态，不遗余力地探索。

我们习惯吃市售盒装纳豆时加入附送的酱油和黄芥末调味，但现在可以和这个习惯说再见啦。接下来为大家介绍纳豆的新搭档。尝一尝，是不是味道大有不同？

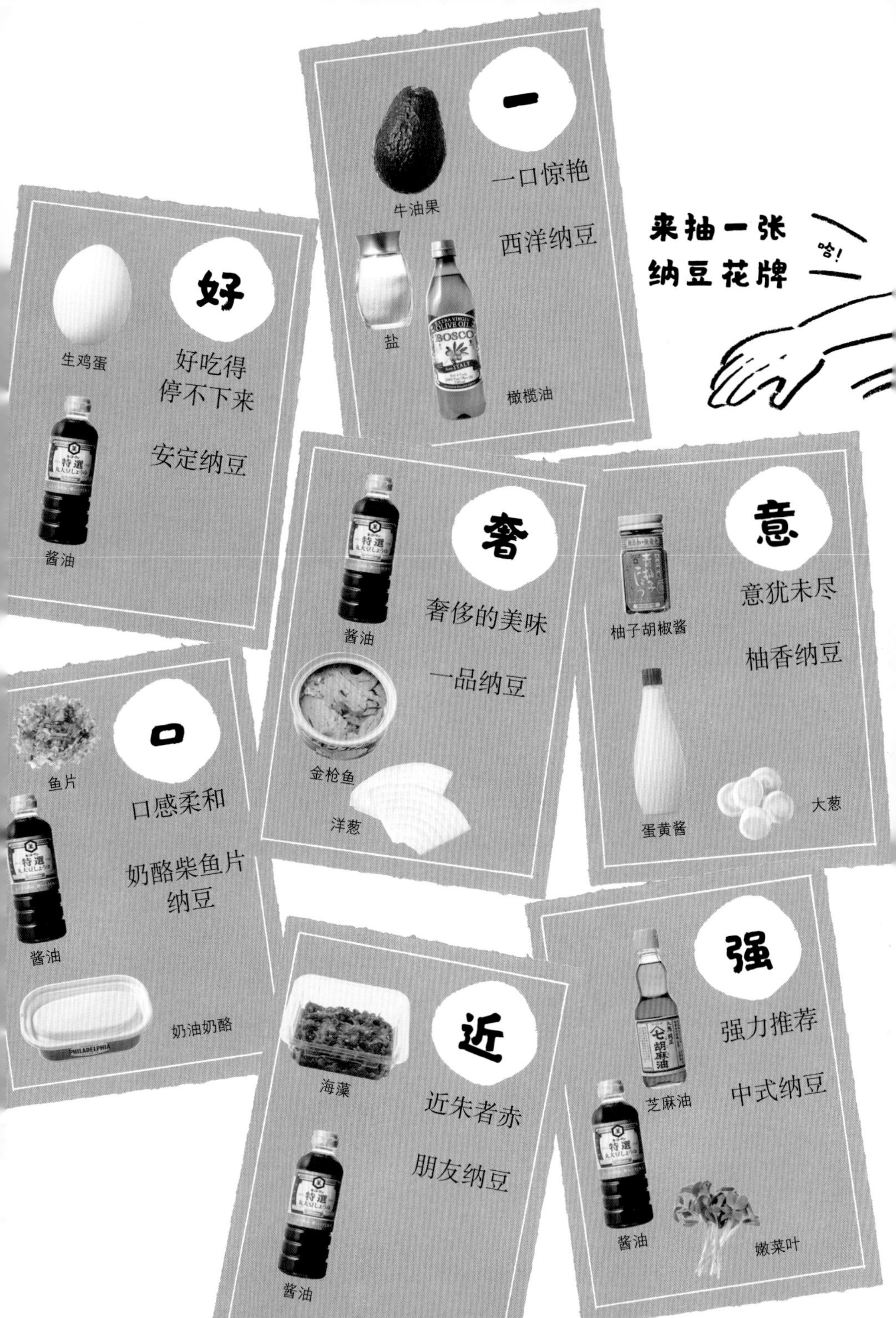
来抽一张
纳豆花牌
哈!
一
一口惊艳
西洋纳豆
牛油果
盐
橄榄油
好
好吃得
停不下来
安定纳豆
生鸡蛋
酱油
奢
奢侈的美味
一品纳豆
酱油
金枪鱼
洋葱
意
意犹未尽
柚香纳豆
柚子胡椒酱
蛋黄酱
大葱
口
口感柔和
奶酪柴鱼片
纳豆
鱼片
酱油
奶油奶酪
近
近朱者赤
朋友纳豆
海藻
酱油
强
强力推荐
中式纳豆
芝麻油
酱油
嫩菜叶

番茄奶酪金枪鱼盖饭

融化的奶酪包裹着新鲜番茄，配上香浓的金枪鱼，令人意犹未尽。

原料（1人份）

· 米饭……150克
· 奶酪片……1片
· 番茄……1/2个
· 金枪鱼罐头（小）……1罐
· 酱油……一小勺

做法

①番茄切丁。
②在热米饭上铺上奶酪片，放上切好的番茄丁、控干汁水的金枪鱼，最后淋上酱油。

配一杯清茶，身心都能得到满足

3分钟免开火盖浇饭

配茶：洋甘菊花茶

洋甘菊花茶微苦的味道可以保持味蕾的敏感，搭配香浓的盖饭，有助于解腻。

裙带菜豆腐鳕鱼籽盖饭

鳕鱼籽和豆腐搅拌后，口感更浓稠。豆腐中的水分可以软化裙带菜，非常下饭。

原料（1人份）

· 米饭……150克
· 嫩豆腐……1/2块
· 干裙带菜……1小勺
A 鳕鱼籽（碾碎）……1/2条
A 香油……1小勺
A 酱油……1小勺

做法

在豆腐中放入A，拌匀后倒在热米饭上即可。

配茶：糙米茶

糙米的香气融合了鳕鱼籽的辣味，让人吃到上瘾。

牛油果柚子胡椒酱盖饭

牛油果的香甜配上柚子胡椒酱的清香，营造出咖啡厅的精致氛围。

原料（1人份）

· 米饭……150克
· 牛油果……1/2个
A 柚子胡椒酱……1/2小勺
  橄榄油……2小勺
  醋……1小勺
· 海苔……2片

做法

将海苔撕成碎片撒在热米饭上，再用小勺将牛油果切成小块放在海苔碎上，淋上A即可。

配茶：蔷薇果茶

吃完喝上一口蔷薇果茶，解腻的同时在口中留下柚子的余香。

榨菜鱼干坚果盖饭

榨菜的风味和坚果的香气交融，配上米饭，非常好吃。

原料（1 人份）

· 米饭……150 克
· 榨菜……20 克
· 混合坚果……20 克
· 小鱼干……1 大勺
· 香葱……3 根
· 芝麻油……1 小勺

做法

将香葱切成葱末，坚果碾碎。把所有食材放在饭上，最后淋上芝麻油，撒上葱末即可。

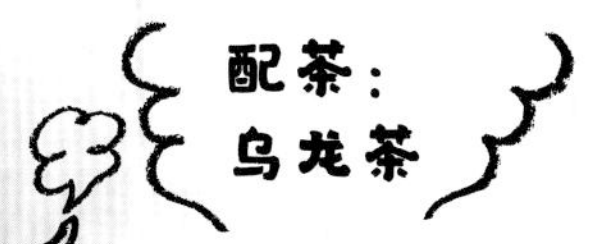

脂肪含量较高的食物，可以搭配乌龙茶，减脂又爽口。

慵懒小姐的道歉

我最爱的一款盖饭叫作“剩菜盖饭”，做法简单，饭菜吃不完也不用担心浪费，或许还会变瘦呢！

媲美白粥

暖心汤饭

像是感冒了，没什么食欲。这时候，你需要一碗暖胃的白粥。

粥要用大米和水慢慢煮，但汤饭用米饭来做就可以。

先将米饭在汤汁里浸泡一夜，之后煮成汤饭的黏稠程度不亚于一碗真正的白粥。

保重身体

请吃！

汗

添加营养食材，好好地爱护身体呀。

原料（1 人份）

· 米饭……100 克

A
- 水……1 杯或 1/2 杯
- 盐……1 小撮
- 海带……2 厘米大小的 1 片

做法

①提前一晚将米饭倒入 A 中，浸泡冷藏一夜。

②第二天早上，将①倒入直径 16 厘米的汤锅内，煮沸即可。

※ 如果当天现做，则先将 A 倒入汤锅中，煮开后加入米饭，中火再煮 3 分钟即可。

身体不适的早上

疗愈食谱

汤饭和粥一样，都是用大米做成的治愈系食物。身体不适、心情低落的时候，喝上一碗，会由内而外地温暖身心。

宿醉

→ 梅子干汤饭

将梅子干放入汤锅中，和米饭一起煮开，盛出来点缀上嫩菜叶即可。梅子干微微的酸味和咸味非常提神，也能缓解胃部的不适。

梅子干

受寒着凉

→ 双倍生姜

生姜切成薄片，和米饭一起煮开，盛出后再撒上生姜末即可。淋一点酱油和香油，味道会更好。

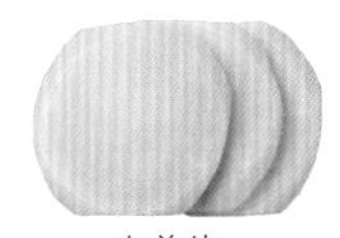

生姜片

生姜末

心情郁闷

→ 喜欢就好

加入自己喜欢的食物，什么都行！

香肠

腌鲑鱼

奶酪

黄油

食欲不振

→ 鸡蛋汤饭

将煮米饭的水换成豆奶或牛奶，将鸡蛋轻轻搅散，倒入汤饭中，再加入咸海带即可。

豆浆

咸海带

鸡蛋

慵懒小姐的道歉

啊，什么食材都没有，冰箱里只有一些剩饭。这种时候就吃汤饭吧，米饭吸收了水分，吃起来香软又容易饱。我可不是因为身体不舒服才吃的，我健康着呢。

第一次做糙米饭要点小课堂

糙米中含有丰富的B族维生素和膳食纤维，虽然是米，但从营养成分上说更接近蔬菜。糙米不太好煮，新手也许迟迟不敢尝试。下面为大家整理了做糙米饭的要点，大家可以试着做做看。

了解

糙米是什么？

稻谷脱壳后就是糙米，糙米再脱去表皮就是平时吃的大米。也就是说，大米是精制前的糙米，精制时脱下的糙米外皮叫“米糠”。

选购

在超市就可以买到糙米，也可以去米店购买，还可以听听店家的建议。

买了这个

烹饪

将糙米和大米等比例混合后再煮，淘米的方式、水量和电饭煲的模式都和煮大米饭时一样，第一次做的人可以试试。

如果电饭煲有糙米模式，将水加到糙米对应的水量刻度就好。如果没有，可以参考下面的做法。

原料

· 糙米……300 克

· 水……提前浸泡需冷水 500 毫升，现泡现做需热水 550 毫升

做法

①在笊篱中淘洗糙米，倒掉淘米水，重复淘洗 2~3 次。

②将清水倒入淘洗好的糙米里，没过米的高度，放入冰箱冷藏一晚。如果要现做现吃，可以在糙米中倒入热水，浸泡 10 分钟。

③将浸泡好的糙米倒入电饭煲，加入和糙米等量的水。

④按下煮饭键即可。

①

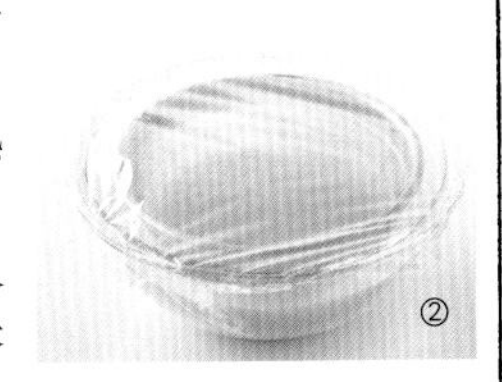
②

③

食用

糙米不易吸水，所以比大米更适合搭配有汤汁的料理。此外，糙米特有的香气很适合搭配调味料，做成独特风味的菜肴。还可以像豆类一样，做沙拉，也很不错。

如何保存

浸泡好的糙米可以装入保鲜袋，冷藏保存 2 天左右。煮熟的糙米饭可以分成小份包上保鲜膜，冷冻保存。

食谱组合③
日本传统早餐
梅子干汤饭→ P80
竹荚鱼干
不用卷的高汤蛋卷→ P28
自家味噌汤→ P120
妈妈~
好吃！再来一碗

早上来一场日式传统“盛宴”吧，用热气腾腾的经典日式食材温暖身体，唤醒活力。

想在清晨拥有平静的身心，不妨试试这些食谱。

早餐建议 海味干货推荐

保存时间长、料理方便、烹饪时少有鱼腥味和油烟，这些都是海味干货的优点。用锡纸烤着吃，连锅也不用洗了。

用平底锅煎

预热平底锅后倒入少许油，开中火直接煎，煎至两面焦黄、飘出香味时就可以起锅了。装盘时，先煎的一面朝上。

营养界的王者

神奇的米饭

Q

除了糖分，米饭还有什么营养呢?

A

均衡的蛋白质和膳食纤维

认为米饭只能补充能量，可就大错特错了。

米饭含有蛋白质、脂肪、维生素 B_1、B_2 、钙、铁等多种营养元素。

蛋白质的含量虽然少于肉类和鱼类，但一碗白米饭也能提供我们一天所需蛋白质的7%，即便只是梅子干米饭，当早餐也没问题。

糖分
55.65 克

脂肪
0.45 克

维生素 B_2
0.015 毫克

维生素 B_1
0.03 毫克

钙
4.5 毫克

铁
0.15 毫克

蛋白质
3.75 克

膳食纤维
0.45 克

米饭 1碗（150克）

Q

为什么吃米饭不容易肚子饿?

A

因为米饭的颗粒大，身体需要更多消化时间。

面包是用面粉制作的，容易咀嚼和吞咽，消化吸收也很快。

相比之下，米饭是颗粒状的，肠胃要用更多的时间来消化。肚子饿是饥饿中枢（进食中枢）受到刺激产生的感觉，只要胃里还有食物没消化，刺激就不会发生，所以吃白米饭不容易饿。

Q

普通大米比免洗米好吃吗?

A

其实味道差不多。

米味道受产地、品种、精制过程和方法等多个因素影响。

洗米是为了洗去残留在米粒表面的米糠，免洗米就是已经除去米糠与杂质的普通大米。

在售的免洗米通常只有 1～2 个品牌，普通大米可选择的品牌和口感更多，选择什么米，最终还是根据个人喜好来决定。

Q

有特别适合作早餐的大米品种吗?

A

早上更适合吃口感清爽的大米。

日本的大米大致来说有笹锦米和越光米两个品种。你有没有听过这样的说法，“笹锦米快快吃，越光米慢慢吃”。

正如这句话所说，如果想快快地吃完早饭，我推荐口感清爽、甜度和粘度都比较低的笹锦米。不过笹锦米在市面上不多见，如果能买到，大家不妨试试看。

无需菜刀和砧板

我还是喜欢吃面食！

早餐来吃面吧。可能对有些人来说，这样的饮食习惯有点奇特，但面食其实非常适合当早餐。最重要的是容易吞咽，“哧溜”吸两口就吃完了。菜刀和砧板也用不到。

咸味柠檬面

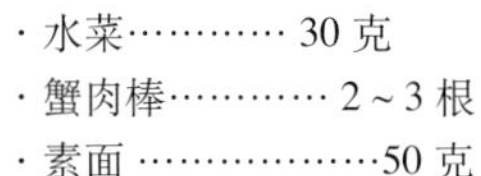

原料（1人份）

- 水菜………… 30克
- 蟹肉棒………… 2~3根
- 素面 …………………50克
- 柠檬（切片）… 3~4片
- 芝麻油 ……………1小勺

牛奶黄油面

原料（1人份）

- 生菜叶…………2片
- 火腿片 …………2片
- 素面 …………50克
- 牛奶 …………1杯
- 黄油………… 5克

做法

①把生菜叶和火腿片撕碎。

②在直径18厘米的汤锅中倒入半杯水，煮沸后调至中火，放入素面煮1分钟。再加入①和牛奶，继续煮1分钟。

③煮好后盛碗，加入黄油，根据喜好淋上酱油，撒上少许胡椒粉即可。

做法

①将蟹肉棒撕成条，水菜折成段。

②在直径 18 厘米的汤锅中倒入 3 杯热水，煮沸后调为中火，加入素面煮 1 分钟，再加入①继续煮 1 分钟。

③煮好后装碗，放上柠檬片，淋上芝麻油，也可以根据个人喜好加入辣椒油。

黄油金枪鱼酱油乌冬面

原料（1 人份）

· 冷冻乌冬面……1 人份

· 金枪鱼罐头（小）………… 1 罐

· 嫩菜叶　…………1/2 袋

· 黄油 …………10 克

· 酱油………… 2 小勺

做法

①将乌冬面放入耐热碗中，碗口封上保鲜膜，放入微波炉加热 2 分钟。

②在加热好的乌冬面上放上金枪鱼、嫩菜叶和黄油，淋上酱油，拌匀即可。

慵懒小姐的道歉

不用菜刀和砧板，用剪刀和刮丝器剪剪刮刮就行。
虽然看上去不算精致，但多有个性呀！

不好吗？
宠爱自己
从早上开始，
对自己好一点
甜点早餐
HERSHEY'S
SYRUP
Sweet!
SWEET!
SWEET!

甜点总让人难以抗拒，叫人又爱又恨。在吃与不吃的挣扎中，我终于找到了一条出路——用甜点当早餐。

早上吃的甜点会转化为维持身体在白天活动的能量。即使消化完毕，“已经吃过甜点”的记忆还会留在身体中，晚上就不会再那么想吃甜食了。

此外，早上我们的味觉和嗅觉更灵敏，晚上感觉“有点甜”的食物，早上吃会觉得“真甜啊”，把罪恶感变成充实感。

所以与其晚上用甜点犒劳辛苦一天的自己，不如一早用甜点投资今天的活力。

甜点当早餐的优点

· 面包和米饭都要经过碳水化合物→淀粉→糖分的消化分解过程，才能被身体吸收，甜点则以糖分的方式直接被身体吸收，不会带来额外的负担，并且能迅速为大脑提供能量。
· 甜点中的牛奶、酸奶含有丰富的钙，可以缓解早上的焦虑。

现代生活中才能享受到的幸福

奢侈的松饼

鸡蛋、牛奶、砂糖都曾是奢侈品。在过去的欧洲，松饼是特别的大餐，在狂欢节的最后一天才能吃到。

随着时代变迁，鸡蛋、牛奶和砂糖慢慢变成了日常必需品，松饼也随之成为一道美味的日常料理。

所以说“奢侈”，是为了保留松饼曾经拥有的特殊意义。这样想想，能吃上松饼的周末清晨，是不是变得很特别了呢。

MAPLE SYRUP

STRAWBERRY

JAM

WHIPPED CREAM

CHERRY

CHOCOLATE CHIPS

原料（6 块松饼）

A
- 低筋粉……100 克
- 泡打粉……8 克
- 砂糖……50 克

· 牛奶……1/2 杯
· 黄油（切成 1 厘米见方）……20 克
· 鸡蛋……1 个
· 枫糖浆…… 适量

慢慢来 25 分

做法

①将 A 倒入保鲜袋中摇匀，将黄油放入微波炉，加热 20 秒使之融化。
②将鸡蛋打入搅拌盆中，用打蛋器打散后，加入牛奶和融化的黄油，搅拌均匀。
③搅拌盆中加入 A，不断搅拌直至干粉变成有光泽的面糊。
④中火加热平底锅，抹上少许油，离火 10 秒钟放在湿抹布上冷却舀一勺面糊，分 2 次倒入锅中做成两块松饼。
⑤盖上锅盖，小火加热 4 分钟，面糊表面出现气泡即可翻面，翻面后继续煎 1～2 分钟即可。如此重复，直至用完面糊。

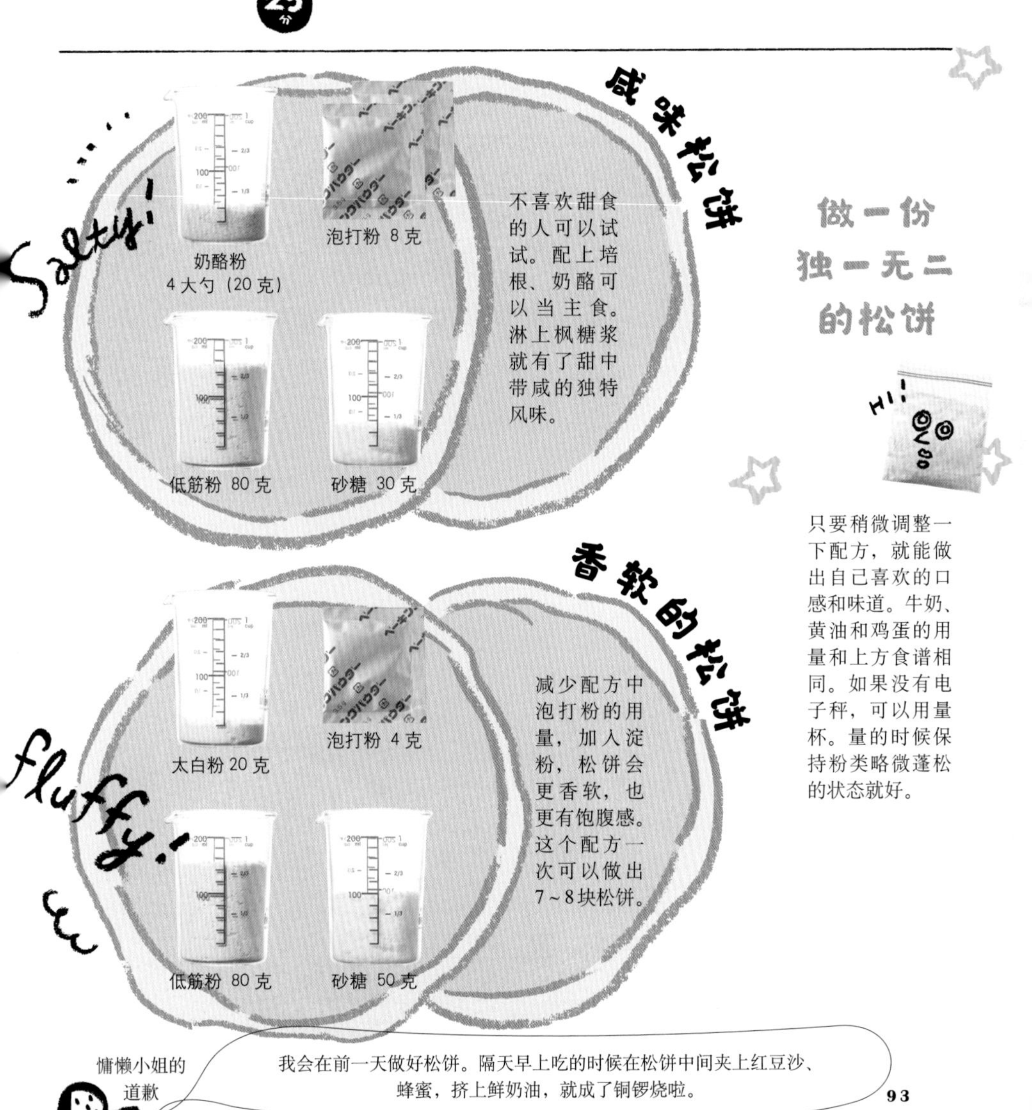

慵懒小姐的道歉

我会在前一天做好松饼。隔天早上吃的时候在松饼中间夹上红豆沙、蜂蜜，挤上鲜奶油，就成了铜锣烧啦。

只要把食材放进玻璃杯即可搞定

早餐芭菲

芭菲真是一种给人罪恶感的美味。不过当早餐吃就没问题啦。

让芭菲在晨间一展魅力，喂饱我们的胃和心。

鲜奶油堆成小山，再加上三个冰激凌，想吃多少吃多少，就是这么任性。

莓果蛋糕芭菲

水果和果酱的酸味加上蛋糕和鲜奶油的甜味，让人对这款芭菲毫无抵抗力。做的时候，要先在杯底将草莓碾碎，和牛奶混合，再一点点加各种食材。

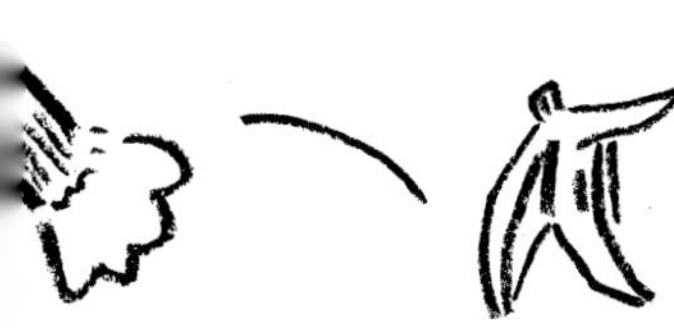

准备好漂亮的玻璃杯，只要把食材放进去，让人大呼可爱的芭菲就做好了。

吃完后只需要洗一个玻璃杯，真想每天都吃芭菲啊！

巧克力香蕉芭菲

甜品店的经典款——巧克力香蕉圣代。只要买齐食材，你也能轻松搞定。这款芭菲口感丰富，香蕉和巧克力的组合让人被幸福感包围。

抹茶红豆丸子芭菲

糯米丸子配上红豆沙就足够完美了，再加上抹茶、黄豆粉，更添浓浓的日式风情。最后淋上豆浆，整体口感更加柔和，不知不觉就吃完了。

慵懒小姐的
道歉

芭菲的精髓在于鲜奶油。可以购买市售的打发奶油。反正是早餐，可以尽情搭配自己喜欢的食材。为了省事，我用小碗代替了玻璃杯，虽然美感上差了一点，但敞口的碗洗起来更轻松呀。

让人舔盘子的焦糖香蕉

买一串香蕉，来不及吃完就已经坏掉。这样的情况时常发生？就让砂糖和黄油来帮忙吧。

砂糖的主要成分是蔗糖，经过加热，蔗糖会分解，变得更加香甜美味。

淋在盘中的焦糖冷却后会变得香脆。加点冰激凌会更好吃哦。

原料（1人份）

· 香蕉（或苹果）……1 根

· 砂糖……2 大勺

· 黄油……5 克

做法

①香蕉去皮，切成段。

②在直径 20 厘米的平底锅中放入砂糖和少许水，中火加热。

③加热至砂糖融化、变成深褐色的焦糖，放入香蕉，转为大火，翻动香蕉沾裹上焦糖，再加入黄油，翻拌均匀即可。

慵懒小姐的道歉

前几天一口气用了 3 根香蕉。一次吃不完也没关系，焦糖香蕉冷了一样好吃。用春卷皮包着吃，就连盘子也不用洗了。

香浓！鸡蛋加牛奶

马克杯布丁

将准备好的食材倒入马克杯，放进微波炉加热即可，超级简单方便。

出炉后既可以趁热吃，也可以放入冰箱冷藏起来慢慢享用，鸡蛋和牛奶带来的香醇美味都一样诱人。

最后添加的调味料很关键，枫糖浆和焦糖可以增加甜味，如果想试试微苦的风味，可以撒一点速溶咖啡粉。

原料（1人份）

· 鸡蛋……1个

A
- 砂糖……2～3大勺
- 牛奶……80毫升
- 水……1大勺

快手 5分

做法

①将鸡蛋打入搅拌盆中打散，再倒入原料A搅拌均匀，用滤网过滤后，倒入马克杯。

②将马克杯放进大一点的保鲜盒，在盒中倒入温水，直至水位和杯中液面的高度齐平。放入微波炉，先加热3分钟，再以20秒为单位，一边加热一边观察。加热至布丁表面稍稍凝固即可。

建议使用直径大于7厘米、高度大于5厘米的马克杯。倒入保鲜盒的水，以40℃左右的温水为宜。

每天换点新配料

吃不厌的酸奶

酸奶中含有 300 多种乳酸菌和丰富的钙，口感清爽，是早餐的不二之选。但每天一口气吃一大盒酸奶，难免有些腻味。多了解一下酸奶，就可以发挥创意，通过不同搭配来探索酸奶的多面魅力。

试试加点果酱

果香酸奶

欧洲酸奶的味道更酸，配上甜甜的果酱，可以平衡口味。小瓶的果酱可以多买几种口味，每天都有不一样的味道。

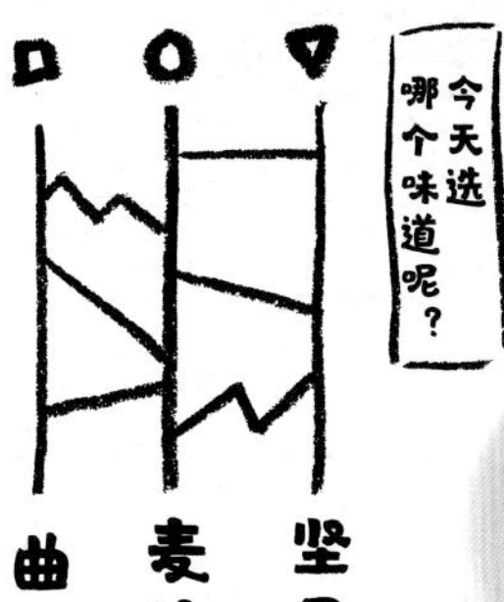

试试香脆的食材

丝滑酸奶

口感顺滑、富含水分的酸奶，适合搭配松脆可口的配料，不知不觉就吃光了。

试试水果干

浓醇酸奶

水分较少、口感浓厚的酸奶，可以搭配香甜的水果干。提前一晚将水果干拌入酸奶，冷藏一夜，水果干充分吸收了酸奶中的水分，带来全新的口感。

DRIED FRUIT

慵懒小姐的道歉

反正是自己吃，可以在买来的整盒酸奶中直接加入果酱拌好。这样每天早上打开就可以吃啦。唯一的缺点是，一盒只有一种口味……

每天早上只喝牛奶?

开发麦片的潜力

谷物麦片也是一种受欢迎的早餐主食,种类和选择很多,有燕麦、玉米、麦麸等。最初作为健康辅食诞生,用来帮助身体快速补充能量。

谷物麦片配上牛奶,就是一顿营养均衡的完美早餐。不过,花点小心思,也可以有新的搭配,试试找出自己喜欢的谷物麦片组合吧。

加一勺冰激凌

再加点水果丁，几乎就是芭菲了。

牛奶咖啡

入口后的丝丝微苦，反而衬托出美妙的甜味。

为美味祈福
谷物麦片峰会

麦片首脑们聚集在一起，规划今后的营养战略，就像一场谷物麦片峰会。玉米麦片、杂粮麦片、什锦麦片等成员都在为开发新美味而努力。

黄豆粉＋红糖＋牛奶

买的红糖总是吃不完，这样搭配香甜浓郁，再也不用担心吃不完啦。

the resolution
Non milk cereal

无牛奶麦片

橙汁＋酸奶

味道微酸，非常提神，适合炎热的夏天。

豆浆＋枫糖浆

富含大豆异黄酮、蛋白质、天然脂肪。

番茄＋蜂蜜＋酸奶

没有负罪感的甜蜜，这就是番茄的魅力。

杏仁露

杏仁露含糖量少，当早餐吃，血糖上升的速度也比较缓慢，适合有瘦身计划的人。

不甜也好吃的麦片

做玉米浓汤

用玉米麦片代替玉米浓汤里的面包丁，玉米味加倍香浓。

做土豆沙拉

土豆泥口感浓稠，配上香脆的麦片，瞬间美味升级。

做香嫩炒蛋

香软炒蛋和松脆麦片的组合，是早晨的一曲美味多重奏。

末雨绸缪

自制能量棒

方便又美味的能量棒特别适合无精打采的早晨。

在元气满满的周末早上，提前做好能量棒，可以冷藏保存一周。情绪低落的早晨咬上一口，不仅能获得身体所需的营养，精神也会随之振奋起来，仿佛是周末元气满满的自己，正在为现在的自己打气。

原料（18 厘米 ×12 厘米 ×3 厘米）

· 棉花糖………… 60 克

A
- 麦片 …………150 克（如果想加一些坚果，可以将配料改为：麦片 100 克，坚果、水果干混合共计 50 克）

（除去冷却时间）

做法

①在烤盘上铺一张烤纸。

②将棉花糖放入耐热容器中，不加盖，用微波炉加热 1 分钟加入 A，快速搅拌均匀。

③将②倒入烤盘，表面再铺一层烤纸，用玻璃杯底之类的平底工具将②压平。

④将③放入冰箱，冷藏 1 小时。凝固后，切成方便食用的小块即可。

※ 棉花糖的用量减少至 50 克，再在步骤②的碗中加入 20 克碎巧克力，做出来就是巧克力能量棒了。

像药剂师一样调配谷物麦片

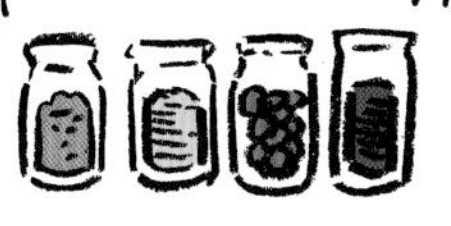

坚果和水果干既美味也有营养。体验一下做药剂师的感觉，试着自己搭配一份谷物麦片吧。

葡萄干

强化大脑机能，预防动脉硬化和不良生活习惯带来的其他疾病。

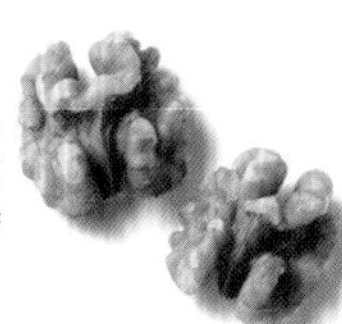

核桃仁

强化大脑机能，预防动脉硬化和不良生活习惯带来的其他疾病。

蓝莓干

延缓衰老，改善便秘，缓解眼疲劳。

杏仁

延缓衰老，改善便秘，补充矿物质。

杏干

缓解身体疲劳，恢复味觉，预防动脉硬化。

腰果

缓解身体疲劳，恢复味觉，预防动脉硬化。

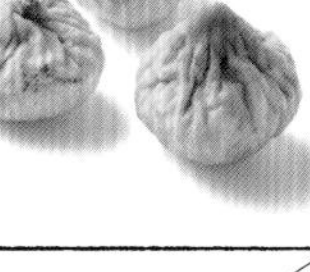

无花果

调节内分泌，补充矿物质。

南瓜籽

调节内分泌，补充矿物质。

慵懒小姐的道歉

好不容易盼来了周末，还要准备下周的早餐，真是麻烦……不过，做 8 根能量棒只要 10 分钟，不用再额外花时间做早餐，还不用洗碗，超方便。

有益健康的

蔬菜水果早餐

“最近蔬菜吃得太少了，总找不到机会……”“知道应该多吃蔬菜，但炒菜很麻烦……”

虽然大家都知道蔬菜有益健康，但要每天摄入足够的蔬菜和水果，好像总是很难实现。

买了蔬菜回家，放在冰箱里，也经常坏掉。

没机会吃的蔬菜和水果，就安排在早上当早餐吧。

清晨，我们的味觉更敏感，能更敏锐地感受到食材原本的味道。渐渐地，会从“为了健康才吃”变成“因为蔬菜好吃所以要吃”“因为心情好所以想吃水果”。

另外，水果中含有果糖。比起米饭和砂糖中的糖分，果糖更容易被身体吸收，能快速为身体提供能量，促进新陈代谢。

用清爽的蔬果早餐开启愉悦的一天吧。

蔬菜和水果的优点

· 除了维生素 A、C、E 以外，蔬菜和水果中还含有花青素等具有抗氧化作用的植物化学物质。
· 新鲜蔬果中的生物酶、膳食纤维和丰富的水分也有助于排便。

洗净装盘，就很漂亮

方便的免切水果

早餐吃水果对身体很好，可水果要去皮、要切块，实在麻烦…… 因此，很多人还是对水果敬而远之。

其实也有不用切的水果。

把这些吃起来很方便的水果放在一起，看着就很赏心悦目。加点水果干，浓厚的甜味会成为点睛之笔。

快手 1分

香蕉

含有丰富的膳食纤维，容易产生饱腹感，香蕉中的钾元素还有助于维持人体矿物质的平衡。

葡萄

葡萄的主要成分是葡萄糖，可以迅速补充身体所需的能量，对缓解疲劳有很好的效果。

吃时令水果，体会季节更替

1·2·3月	4·5·6月	7·8·9月	10·11·12月
草莓	樱桃 枇杷	李子 无花果	柑橘 苹果

水果干

水果干去除了水果中的水分，只需少量，就可以充分补充膳食纤维。

草莓

5颗大草莓就可以提供一天所需的维生素C，还可以预防感冒。

忙碌的早上也来得及吃

微笑的水果切片

虽然很喜欢吃水果，但一想到切水果很麻烦，就不了了之了……

其实，不妨试试“微笑切法”。不需要去皮，简单快捷，切出来很好看，吃起来更方便。

为什么叫“微笑切法”呢？因为切好的水果形状就像微笑时上翘的嘴角。而且这些水果都不贵，钱包也会露出微笑吧。

奇异果

奇异果的常见切法是横着切片再去皮。可以试试连皮切成几瓣，一口咬下去就能尝到果瓤的甜味，接着是果肉的酸味，口感清爽。不用剥皮，一口一瓣，眨眼间就吃光了。

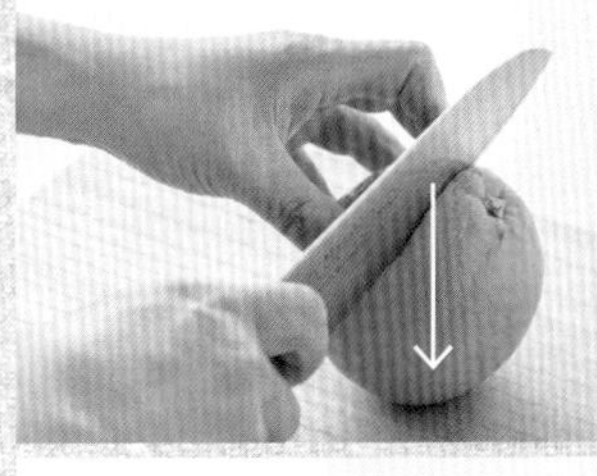

橙子，葡萄柚

常见切法是从果蒂垂直切到底部。可以试着从果蒂左侧 1 厘米左右的位置下刀，垂直切开。这样切，吃起来果肉和果皮能轻松分离。

苹果

通常苹果会切成瓣，但也可以横着切成圆片。切圆片的好处是，果皮几乎不会影响口感，也不用去核。

慵懒小姐的道歉

我一直在绞尽脑汁地偷懒。苹果买来后洗干净，早上直接啃着吃就行，还可以幻想自己是坐在草地上的英国人，是不是很时髦。奇异果提前一晚对半切好，早上可以直接用汤勺挖着吃。

咕嘟咕嘟，像喝饮料一样

简单又好吃的巴西莓碗

巴西莓又叫阿萨伊果，产自巴西。用巴西莓做成思慕雪，再加上谷物麦片和其他水果，就成了巴西莓碗，具有滋养肌肤、明目清肠、养血等功效，备受推崇。

香浓的巴西莓思慕雪配上香脆的谷物麦片，忙碌的早晨不仅可以迅速吃完，还是实实在在的健康美味。

原料（1 人份）

· 冷冻巴西莓果泥……100 克
· 酸奶……4 大勺
· 香蕉……半根
· 配料
  香蕉（切片）……半根
  谷物麦片……30 ~ 40 克
  喜欢的莓果……适量

做法

①让冷冻的巴西莓果泥在室温下静置 5 ~ 10 分钟，融化至半解冻状态。
②将香蕉切成小片，连同①和酸奶一起放入保鲜袋，排净空气后扎紧袋口。
③用手将保鲜袋内的食材揉碎，充分混合。按揉时用毛巾或布包上保鲜袋，防止手的温度让果泥变热。
④碗里先倒入一半谷物麦片，然后倒入③的果泥。
⑤最后放入剩下的谷物麦片和莓果做为点缀，根据喜好淋上蜂蜜即可。

牛油果酸奶冰激凌

口感浓郁牛油果配上滋味香甜的冰激凌，再加入酸奶，吃起来顺滑可口。

原料（1 人份）

· 牛油果……半个（80 ~ 100 克）
· 香草冰激凌……60 克
· 酸奶……80 克

蓝莓豆腐

柔软的豆腐搭配蓝莓果肉，吃起来粒粒分明、趣味十足，一款健康的思慕雪。

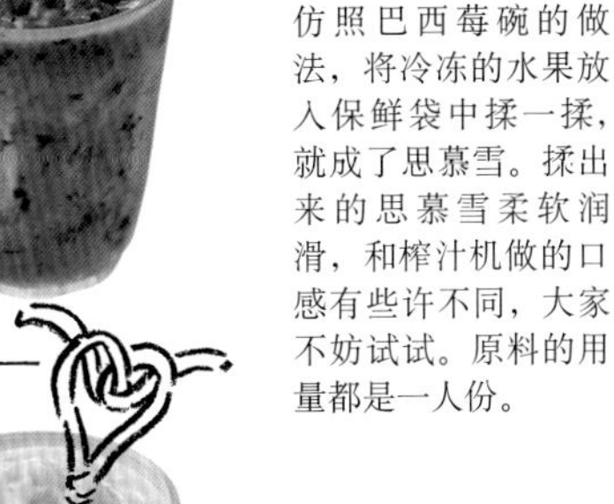

原料（1 人份）

· 冷冻蓝莓（在常温下放置 5 分钟）……100 克
· 嫩豆腐……150 克
· 砂糖（或蜂蜜）……1 ~ 2 大勺

芒果酸奶

经典口味的思慕雪。芒果特有的浓郁香甜味和酸奶完美交融。

原料（1 人份）

· 冷冻芒果（在常温下放置 5 分钟）……100 克
· 酸奶……150 克

不需要榨汁机，揉出来的思慕雪

仿照巴西莓碗的做法，将冷冻的水果放入保鲜袋中揉一揉，就成了思慕雪。揉出来的思慕雪柔软润滑，和榨汁机做的口感有些许不同，大家不妨试试。原料的用量都是一人份。

从蔬菜中获取活力

哼小调的蔬菜沙拉

很多蔬菜都可以做沙拉，但每次想做漂亮又方便的沙拉时，总是不由自主地将手伸向小番茄、生菜和黄瓜。

相同的食材，可以通过变换切法、摆盘和搭配的沙拉酱，让日常的沙拉口感焕然一新。

蔬菜清脆爽口，有节奏的咀嚼声仿佛一曲轻快的小调。吃完口中留下的淡淡清香，就是活力的味道。用沙拉为我们的一天加油打气吧。

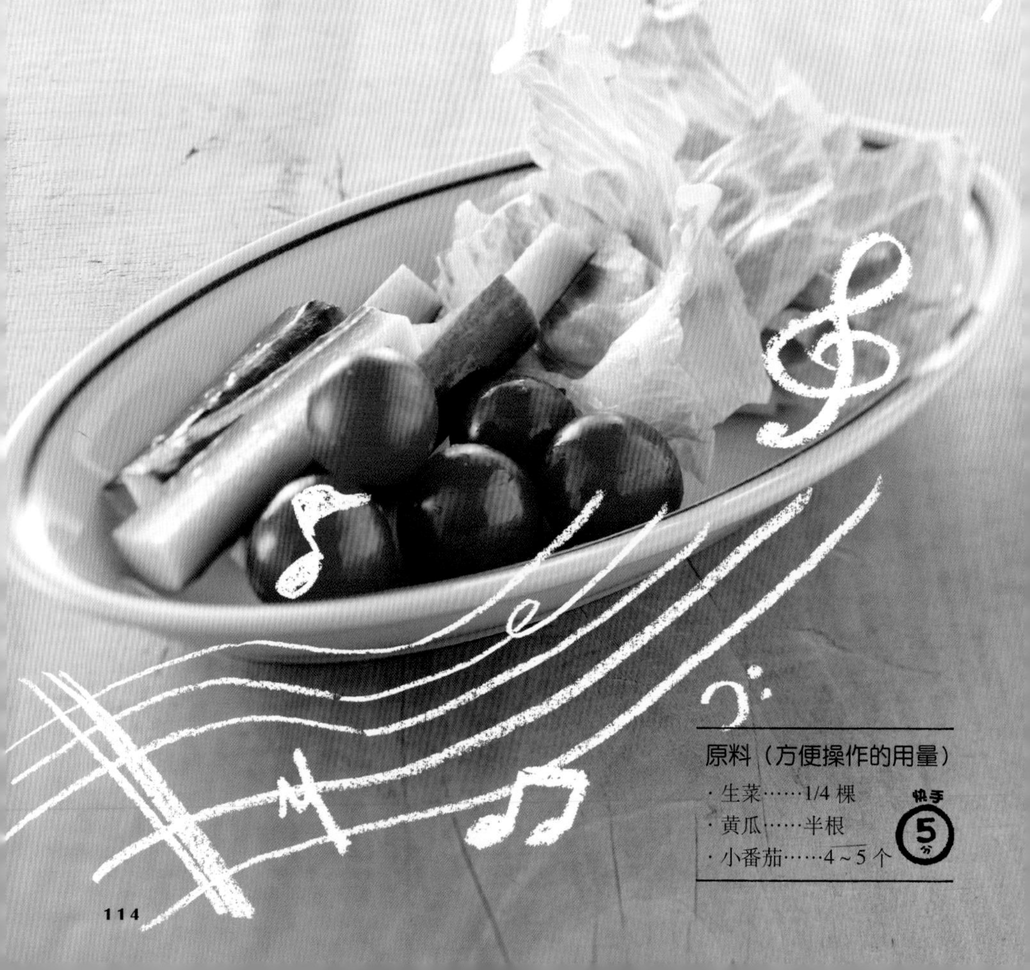

原料（方便操作的用量）

- 生菜……1/4 棵
- 黄瓜……半根
- 小番茄……4～5 个

快手 5 分

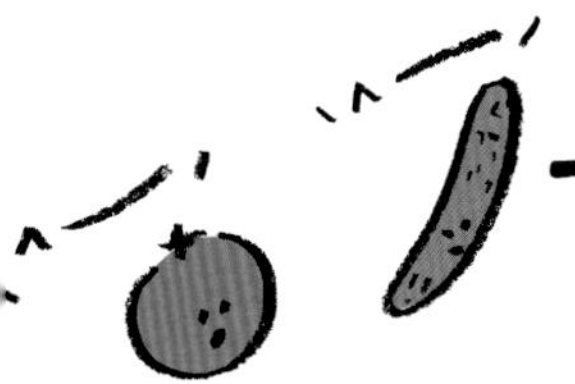

一样的蔬菜 不一样的蔬菜沙拉

做蔬菜沙拉，重要的不只是蔬菜的种类。
切法、摆盘、沙拉酱，才是做出完美沙拉的三要素。
口感、整体外观以及风味都会随着三要素变化。
同样的蔬菜也能吃出不同的乐趣。

加利福尼亚风科布沙拉

〈切法〉
- 生菜……切丝
- 黄瓜……去皮后，
  切成 1 厘米厚的片
- 小番茄……切瓣

〈芥末沙拉酱〉
- 芥末籽酱……1 大勺
- 橄榄油……1 大勺
- 酸奶……1 大勺
- 盐……少许

和风蔬菜沙拉

〈切法〉
- 生菜……撕成小片
- 黄瓜……斜切成薄片
- 小番茄……对半切开

〈酱油沙拉酱〉
- 酱油……1 大勺
- 色拉油……1 大勺
- 醋……1 大勺
- 食盐、胡椒……少许

全素凯撒沙拉

〈切法〉
- 生菜……切块
- 黄瓜……刨丝
- 小番茄……对半切开

〈蛋黄沙拉酱〉
- 蛋黄酱……1 大勺
- 奶酪粉……1 大勺
- 醋……2 小勺
- 橄榄油……1 小勺
- 盐、黑胡椒粒
  ……少许

一天所需的营养，早上先吃掉一半

油蒸蔬菜

对上班族来说，午餐和晚餐通常都在外面吃，很难摄取足量的蔬菜。所以不妨把蔬菜安排在早上吃。下面列出的 3 种优质蔬菜富含维生素 A、C、E，膳食纤维和抗氧化物质，不仅营养丰富，也容易吸收。

此外，这 3 种蔬菜的水分含量较少，口感扎实，更能产生饱腹感。吃过一次，也许就会喜欢上它们。建议提前做好，早上可以直接吃。

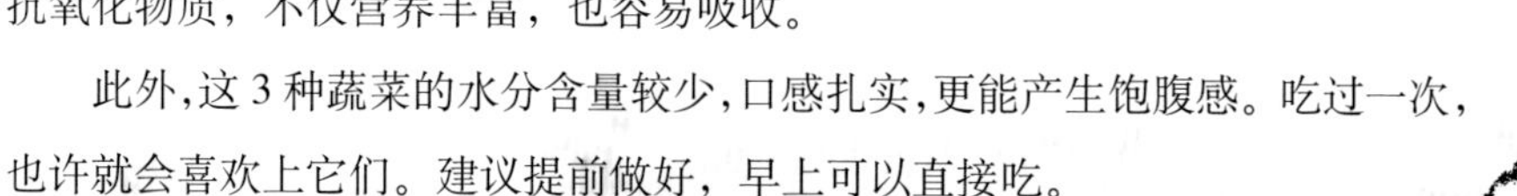

西兰花（200 克）

维生素 A……134 微克
维生素 C……240 毫克
维生素 E……6.3 毫克
膳食纤维……8.8 克

南瓜（300 克）

维生素 A……990 微克
维生素 C……129 毫克
维生素 E……16.2 毫克
膳食纤维……10.5 克

红甜椒（150 克）

维生素 A……132 微克
维生素 C……255 毫克
维生素 E……8.0 毫克
膳食纤维……2.4 克

※ 数值均为蒸制后的实际含量。

原料（方便操作的用量）

· 南瓜……1/4 个（300 克）
· 红甜椒……1 个（150 克）
· 西兰花……1 棵（200 克）

A
- 水……1/4 杯
- 色拉油……1 大勺
- 盐……2 小撮

做法

〈准备〉

南瓜……切成厚约 2 厘米的小块

甜椒……切小块

西兰花……分成小棵，去根后将茎切成小块

①蔬菜切好后要分开蒸制。将其中一种放入平底锅中，淋上 A 后盖上盖子，中火煮开。

②煮开后调至小火：南瓜约 6 分钟，甜椒约 1 分钟，西兰花约 3 分钟。然后，关火静置 5 分钟焖蒸。

③连酱汁一起倒入保鲜盒，放入冰箱冷藏。

3 种蔬菜，解决 3 天早餐

热蔬菜沙拉

1st days

用微波炉加热后，淋上酸奶沙拉酱即可。酸奶可以补充蛋白质和乳酸菌。

酸奶沙拉酱的做法：酸奶 3 大勺、橄榄油 2 小勺、食盐 1/4 小勺、酱油少许混合后搅拌均匀。

蛋黄酱奶酪焗蔬菜

2nd days

将蔬菜放入餐盘，挤上蛋黄酱，撒上奶酪碎，放入烤箱或微波炉，加热至奶酪融化即可。吃起来口感浓厚，是一道满足味蕾的蔬菜料理。

为了方便大家尝试自己喜欢的口味，食谱中的调味都比较清淡。所以不需要完全按照食谱来做，每天尝试新做法，也是一种乐趣。

蔬菜浓汤

3rd days

将蔬菜放入汤锅，用叉子切成小块，加入水、牛奶、少许盐，加热。最后撒上胡椒粉调味。蔬菜浓汤味道浓郁，营养丰富。

沁人心脾

汤羹早餐

早餐喝汤，好处多多。

做起来简单，喝完让人有一种满足感。汤羹可以滋养身体，唤醒大脑。

如果再配上一小碗饭或一片面包，就会有“啊，吃饱了”的安心感。

清晨起床，先烧一壶开水。将水壶放在灶台上，或是按下电水壶的加热键，水沸腾时发出的咕嘟声，不由得让人感叹早晨的美好，而这一碗汤羹就是美好一天的开始。

早餐喝汤的好处

· 可以补充睡眠中流失的水分和矿物质。
· 身体吸收了汤羹中的水分，能促进肠胃蠕动，改善便秘。
· 在汤里添加主食或蔬菜，就能轻松摄取均衡的营养。

尝一口也好

自家味噌汤

日本料理被列入了联合国科教文组织的非物质文化遗产，日式高汤可谓功不可没。事实上高汤的做法并不复杂。选用软水，可以更好地释放食材中的精华。将海带等食材浸泡在水中静置一晚，就是一碗高汤了。

地域不同、各人喜好不同，做出的汤羹风味也不同。可以大胆尝试，探索属于自己的美味汤羹。

原料（1 人份）

· 豆腐……50 克
· 大葱……30 克
· 高汤（做法详见下文）
  ……1 杯
· 味噌酱……1 ~ 2 大勺

做法

①豆腐切成稍大的块，大葱切成小段。
②在直径 16 厘米的汤锅里倒入高汤，中火煮开后加入切好的豆腐和大葱，调至小火，再煮 2 ~ 3 分钟。
③在②中加入味噌酱，搅拌至溶化后关火即可。

鲜味食材

用高汤汤底做成的味增汤，可以加入这些食材提鲜。如果没有高汤作汤底，可以多放些鲜味食材，做出来的汤更好喝。

沙丁鱼干

芝麻

海苔

裙带菜

虾米

柴鱼片

搭配高汤汤底才是经典美味！

高汤汤底

高汤通常用海带、小鱼干制作。
可以只使用其中一种食材，也可以混合两种食材。海带会带来清爽的鲜味，加入小鱼干味道更浓厚。

海带

一杯水里放大约 2 ~ 3 厘米长的海带片，静置一晚即可。

小鱼干

去除小鱼干的头和内脏，一杯水中放 2 ~ 3 条即可。

试试自制高汤

要做“自家味增汤”首先要自制高汤。
高汤汤底的鲜味和放入汤中的食材产生的鲜味互相碰撞，味道会更有层次感。
如果没有高汤，煮汤时加入鲜味食材也可以。

第一周 经典风味 基本款味噌汤	1 豆腐 油豆腐	2 白萝卜 油豆腐	3 卷心菜 干裙带菜
第二周 富含膳食纤维 蔬菜味噌汤	8 土豆 洋葱	9 金针菇 海苔	10 卷心菜 金针菇
第三周 不需要砧板 快手味噌汤	15 卷心菜（切丝） 小番茄（轻轻压扁）	16 水菜（切丝） 干裙带菜	17 豆芽 香葱
第四周 很下饭 小菜味噌汤	22 洋葱 香肠	23 白萝卜 竹轮	24 培根 生菜
第五周 偶尔换个口味 冒险味噌汤	29 洋葱 金枪鱼	30 芹菜 蟹肉棒	31 黄瓜 甜椒

味噌汤的配料日历

吃米饭没什么配菜的时候，可以加点肉类在汤里；早上懒得用砧板，也可以剪碎蔬菜来煮汤。味噌汤的配料可根据实际情况选择，有一种多变的魅力。

4 茄子 生姜	5 白萝卜 嫩菜叶	6 干裙带菜 豆腐	7 白萝卜 干裙带菜
11 小松菜 胡萝卜	12 番茄 西兰花	13 牛蒡 胡萝卜	14 秋葵 南瓜
18 蟹味菇（切段） 水菜（切丝）	19 豆芽 生菜（切丝）	20 小番茄（轻轻压扁） 芦笋（切段）	21 包菜（切丝） 香菇（切块）
25 五花肉片 白萝卜	26 竹轮 秋葵	27 火腿片 水菜	28 纳豆 干裙带菜

今天的味噌汤里放什么呢

慵懒小姐的道歉

打开味噌酱盒，盛一勺味噌，我连这样都觉得麻烦，也许没有资格做味噌汤吧。现在我会提前一晚，将2大勺味噌酱和柴鱼片用保鲜膜包成球，第二天早上，拆掉保鲜膜直接放到水里煮就行。是不是很棒！

不用锅也能做

冷热都美味的汤

清晨喝汤，是对身体的一种犒赏。汤能滋润身体，让我们由内而外感到愉悦，释放活力。

为大家介绍几款免开火的汤羹，冷热皆宜，不妨试试看。

豆腐梅子干汤

原料（1人份）

- 嫩豆腐……1/3块（100克）
- 自制高汤（或冷水）……1/2杯
- A
  - 盐、酱油……少许
  - 梅子干……1个
- 香葱（切末）……2根

做法

①将豆腐放入碗里，用叉子轻轻捣碎，再倒入A。
②梅子干去核、捣碎后加入①中，撒上香葱即可。

叮！

加热后……
豆腐微微融化，
汤汁更浓稠。

番茄培根汤

原料（1人份）

· 番茄……1 个（150 克）

A
- 自制高汤（或冷水）……1/4 杯
- 盐……2 小撮
- 橄榄油……1～2 小勺
- 砂糖……1 小撮

· 胡椒粉、柠檬汁……少许

· 培根……1 片

做法

①培根切成 5 毫米宽的细条，用微波炉加热 1～2 分钟，变脆即可。

②将番茄捣成泥，倒入 A 后稍加搅拌。

③撒上胡椒粉，淋上柠檬汁，最后点缀上加热后的培根即可。

豆浆姜汤

原料（1人份）

· 豆浆……1杯
· 碎芝麻……2大勺
· 酱油……1/2大勺
· 咖喱粉……1/2小勺
· 生姜（磨成泥）……1小块

做法

将碎芝麻、酱油、咖喱粉放入碗中搅拌均匀，倒入豆浆，加入生姜泥即可。

倒点热水就能喝！速食汤

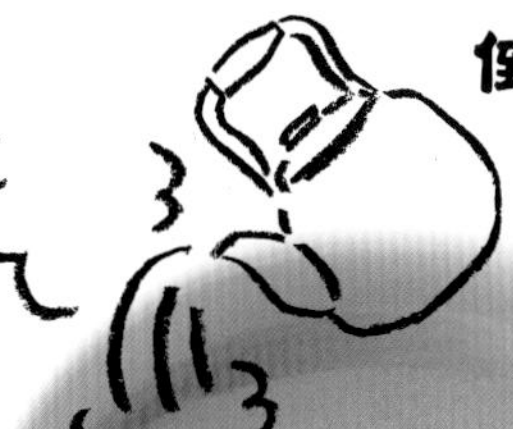

番茄黄油味噌汤

味噌……1 大勺
小番茄（轻轻压扁）……2 颗
黄油……1/2 小勺

事先将食材备好放入碗中，喝的时候倒上热水即可。像速食汤一样方便，却又不失亲手制作的美味。
竹轮和香葱这类食材用手撕碎就行，不需要用刀。食谱都是 1 人份，加入 1 杯热水(200 毫升)即可。也可以根据自己的口味调整。

榨菜裙带菜酱油汤

酱油……1 大勺
榨菜……10 克
干裙带菜……少许

紫苏嫩菜叶竹轮汤

干紫苏碎……1 小勺
竹轮……1 根
嫩菜叶……少许

辣乎乎

青葱海苔汤

海苔……4 片
盐、香葱、胡椒粉……各少许

芝麻玉米咖喱蚝油汤

玉米粒……2 大勺
蚝油……1 大勺
咖喱粉、芝麻油……各少许

慵懒小姐的道歉

懒得撕竹轮，干脆把整条竹轮当吸管来喝汤，
喝一点汤咬一口竹轮。果然还是怪怪的，大家不要学我啦。

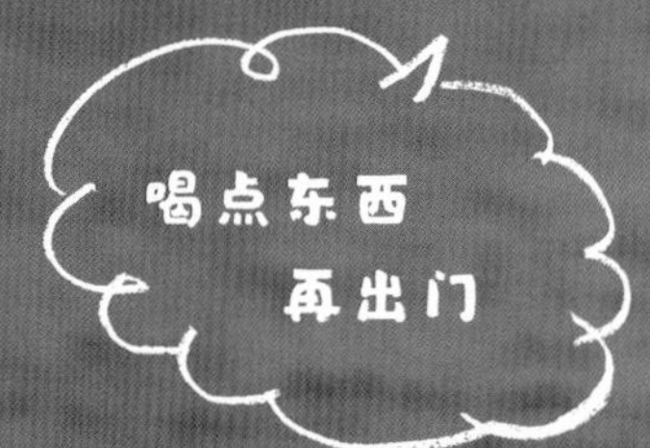

用微波炉就能做

来杯早餐特饮?

早上好。一早没有食欲，连咀嚼都嫌费劲。这种时候，可以试试早餐特饮。发挥一些小创意，一杯普通的饮料就会摇身一变，让你眼前一亮。

水果茶

在红茶里加入水果，虽然简单却能补充酶和维生素哦。

原料（1人份）

· 苹果、橙子等水果……50 ~ 60 克
· 红茶（推荐口感清淡的阿萨姆红茶）……茶包 1 个
· 水……130 ~ 150 克毫升

快手 5 分

做法

①水果切成小块或薄片。
②把切好的水果和热水茶包放入马克杯，倒入热水，用保鲜膜封口，放入微波炉加热 2 分钟。取出后搅拌均匀即可。

辛香牛奶咖啡

快手 2 分

在牛奶咖啡里加入胡椒粉和肉桂粉即可。香辛料可以帮助身体升温，非常适合寒冬。

原料（1人份）

· 牛奶……1 杯
· 速溶咖啡粉……1 大勺
· 砂糖……2 小勺
· 肉桂粉、胡椒粉……各少许

做法

将食材全部放入马克杯中，搅匀。用微波炉加热 1 分半钟即可。

浓郁热巧克力

这可不是普通的热可可，用巧克力才能做出这样的浓郁口感！在清晨补充大脑所需的糖分。

原料（1人份）

快手 3 分

· 牛奶……3/4 杯
· 巧克力……30～40 克
· 砂糖……1 小勺

做法

①将巧克力掰成小块后放入马克杯，倒入 1/4 杯牛奶。加入砂糖后用微波炉中加热 1 分钟，取出后搅拌均匀。
②倒入剩下的牛奶搅拌均匀，再用微波炉加热 1 分钟。取出后，根据自己的口味撒少许胡椒粉即可。

自由发挥
创意组合

为了让大家充分享受做早餐的乐趣，我特别整理了这份食谱。同一道料理，可以探索不同的搭配，尝试不同的做法。让早餐变得更加美味，让做早餐的过程更自由自在。

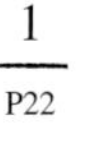
1
P22

西式炒蛋

香嫩柔滑的炒蛋可以搭配以下食材，
独特的口感为炒蛋锦上添花。

——

水果干
苏打饼干
水煮西兰花

2
P26

日式蛋饼

蛋饼包裹的食材不同，
味道也大有差异。
偶尔可以试下甜味蛋饼。

——

苹果酱
蚝油
速食咖喱

3
P25

盐水腌蛋

腌蛋的时候，
可以在盐水中加一些调味料。
做好后也可以装入便当，风味十足。

——

粗粒黑胡椒
咖喱粉
醋

4
P28

不用卷的高汤蛋卷

加入高汤的蛋卷和海味佐料
搭配起来非常合适。
蛋卷做成甜味，
孩子也会喜欢。

——

海苔碎
沙丁鱼干
砂糖

5

P47

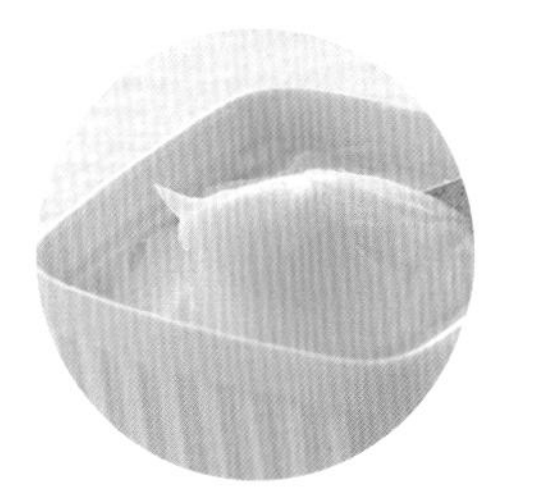

自制黄油

配料会让黄油带一点独特风味。
涂在吐司上，
转眼就吃完了。

葡萄干、核桃、枫糖浆
肉桂粉、红糖
蒜末、欧芹末

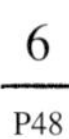

6

P48

浸泡一夜的法式吐司

不妨将浸泡吐司的蛋液
换成咖啡或红茶试试。
另外还可以用果汁浸泡。

咖啡牛奶
奶茶
橙汁

7

P52

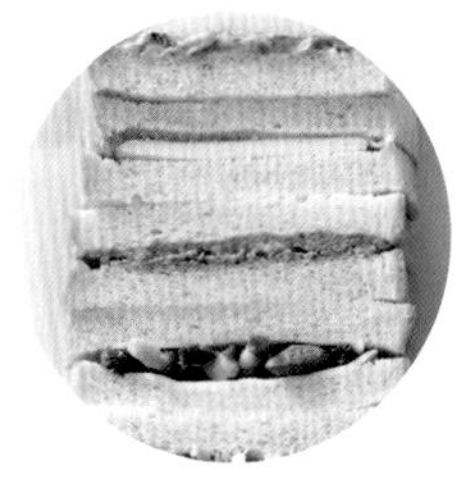

隔夜的三明治

食谱中介绍的三明治用熟食作为配料，
也可以试试下面这些食材。

土豆沙拉、火腿片
番茄肉酱、奶酪片
香蕉、花生酱

8

P56

春卷三明治

吃完咸味的春卷三明治，
不妨再试试甜味的。
和可丽饼一样，变化无穷。

豆沙、奶酪片
果酱、奶油奶酪
香蕉泥、巧克力

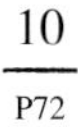

9

P58

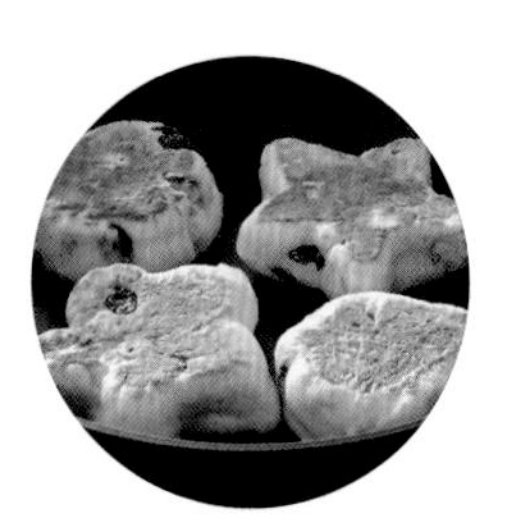

平底锅煎面包

不管搭配什么食材，
都能完美融合，
这就是面包的神奇魅力。

——

巧克力碎
火腿、小片培根
速溶咖啡粉、砂糖

10

P72

饭团卷

直接用熟食做饭团卷更方便。
也可以试试用蛋黄酱拌玉米片，
口味十分特别。

——

日式炸鸡块
土豆沙拉
墨西哥玉米片拌蛋黄酱

11

P76

3 分钟免开火盖饭

在盖饭的基础上稍做调整
就变成了一道新料理。
也可以先吃一半，再加入各种配菜。

——

番茄奶酪金枪鱼盖饭→法式沙拉酱、鲣鱼酱油
裙带菜豆腐鳕鱼籽盖饭→柚子胡椒酱，
鳕鱼籽也可以换成三文鱼肉碎
牛油果柚子胡椒酱盖饭→辣椒油
榨菜小鱼干坚果盖饭→葡萄干、奶油奶酪

12

P94

早餐芭菲

把玉米片、长崎蛋糕
换成以下甜点，
变成更奢侈的享受。

——

奶油面包
奶酪蛋糕
泡芙

13

P97

马克杯布丁

光吃布丁有点无趣，
加上这些配料试试。

——

水果罐头
红糖
姜末、蜂蜜、柠檬

14

P113

自制能量棒

用下面这些食材
做出的能量棒带有咸味，
能更好地衬托出燕麦的甜味。

——

爆米花
炒黄豆
海苔片

15

P104

揉出来的思慕雪

用手揉碎食材，
就能做出一道好吃的甜品。

——

豆腐、香蕉
白桃罐头、酸奶
番茄、冰激凌

16

P116

油蒸蔬菜

适合这样料理的蔬菜
比我们想象的要多得多，
动手试试吧！

——

莲藕
卷心菜
红薯
西葫芦

早上好!
醒来心情如何?
能吃到喜欢的食物，享用一顿美味的早餐，
身心就会充满活力。
美好的一天在等着你。
要加油哦。

欢迎回家。

今天过得这么样?

忙碌的一天终于结束啦。

明天早餐想吃什么呢?

想吃可口的料理，想做点喜欢的食物。

明天又是崭新的一天。

晚安。

图书在版编目（CIP）数据

开启幸运一天的早餐计划 ／（日）小田真规子，（日）大野正人著；小司译 .-- 海口：南海出版公司，2019.9

ISBN 978-7-5442-9583-3

Ⅰ．①开… Ⅱ．①小…②大…③小… Ⅲ．①食谱 Ⅳ．① TS972.12

中国版本图书馆 CIP 数据核字（2019）第 054757 号

著作权合同登记号 图字：30-2017-147

开启幸运一天的早餐计划
〔日〕小田真规子　大野正人 著
小司 译

出　　版　南海出版公司　(0898)66568511
　　　　　海口市海秀中路51号星华大厦五楼　　邮编 570206
发　　行　新经典发行有限公司
　　　　　电话(010)68423599　　邮箱 editor@readinglife.com
经　　销　新华书店

责任编辑　秦　薇
特邀编辑　舒亦庭
装帧设计　陈绮清　朱　琳
内文制作　王春雪

印　　刷　天津市豪迈印务有限公司
开　　本　880毫米×1230毫米　1/32
印　　张　4.5
字　　数　50千
版　　次　2019年9月第1版
印　　次　2019年9月第1次印刷
书　　号　ISBN 978-7-5442-9583-3
定　　价　49.80元